DEUTSCHE AKADEMIE DER WISSENSCHAFTEN ZU BERLIN

Veröffentlichungen des Instituts
für Geodynamik Jena

Herausgegeben von Direktor Prof. Dr. rer. nat. habil. H. Stiller

Heft 12

Untersuchungen des ozeanischen Erdkrustenaufbaus mit Hilfe der Dispersion von Erdbeben-Oberflächenwellen

Von

Doris Hartke

AKADEMIE-VERLAG · BERLIN

1968

DEUTSCHE AKADEMIE DER WISSENSCHAFTEN ZU BERLIN

Veröffentlichungen des Instituts
für Geodynamik Jena

Herausgegeben von Direktor Prof. Dr. rer. nat. habil. H. Stiller

Heft 12

Untersuchungen des ozeanischen Erdkrustenaufbaus mit Hilfe der Dispersion von Erdbeben-Oberflächenwellen

Von

Doris Hartke

Mit 47 Abbildungen und 22 Tabellen

AKADEMIE-VERLAG · BERLIN

1968

Erschienen im Akademie-Verlag GmbH, 108 Berlin, Leipziger Straße 3–4

Lizenznummer: 202 · 100/503/68
Kartengenehmigung: Nr. 206/68, 240/68
Gesamtherstellung: VEB Druckerei „Thomas Müntzer" 582 Bad Langensalza
Bestellnummer: 2004/A 12 · ES 18 E 2
37,–

INHALTSVERZEICHNIS

Die vorliegende Diplomarbeit enthält Ergebnisse über den Aufbau der ozeanischen Erdkruste, die aus Dispersionsuntersuchungen an Erdbeben-Oberflächenwellen hervorgingen. Die praktischen Arbeiten und ihre Auswertungen wurden 1964/65 durchgeführt.

Für die Anregung zur Bearbeitung dieses Themas und die wertvollen Hinweise möchte ich meinen verehrten Lehrern, den Herren Professoren Dr. O. Lucke und Dr. G. Fanselau, herzlich danken. Ferner bin ich Herrn Prof. Dr. W. Sponheuer und Fräulein Dipl.-Geophys. D. Güth vom Institut für Geodynamik der DAW in Jena für die Formulierung des Themas, für die gute Betreuung und die anregenden Diskussionen zu besonderem Dank verpflichtet. Weiterhin danke ich auch allen anderen Mitarbeitern des Instituts für Geodynamik, die mir bei der Durchführung meiner praktischen Arbeiten behilflich waren.

1. Einleitung und Problemstellung

1.1. Allgemeines

Die Seismologie ist das wichtigste Arbeitsgebiet der modernen Geophysik zur Erforschung der physikalischen Eigenschaften des Erdinnern, sowohl der tieferen Gebiete als auch der äußeren Erdkruste. Sie lieferte z. B. die Ergebnisse, die nachwiesen, daß die Erde aus mehreren konzentrisch angeordneten Schalen aufgebaut ist.

Andererseits stehen zur Erforschung der Struktur des oberen Teiles des Erdinnern, der Erdkruste, verschiedene Meßmethoden der angewandten Geophysik zur Verfügung. Von denen geben besonders die Verfahren der „angewandten Seismik" Aufschluß über die Beschaffenheit und den Aufbau der äußersten Schichten, z. B. der Sedimente, welchen vor allem eine große ökonomische Bedeutung zukommt.

Für großräumige Untersuchungen der Krustenstruktur wurde besonders im letzten Jahrzehnt die Dispersion der Oberflächenwellen von Erdbeben herangezogen. Mit Hilfe der Analyse von Dispersionserscheinungen der RAYLEIGH- bzw. LOVE-Wellen wurden die unterschiedlichen Krustenstrukturen in ozeanischen und kontinentalen Gebieten festgestellt. Die Dispersionsuntersuchungen mit Hilfe der Gruppengeschwindigkeitsmethode geben Auskunft über eine mittlere Struktur der Erdkruste entlang dem Wellenweg. Inhomogenitäten begrenzter kleinerer Gebiete innerhalb des Wellenweges können nur schwer erfaßt werden. Für Untersuchungen des Krustenaufbaus kleinerer Gebiete liefern die refraktionsseismischen Messungen, besonders für die oberen Schichten, sichere Ergebnisse.

1.2. Ziele der vorliegenden Arbeit

In dieser Arbeit gilt es, mit Hilfe der Untersuchung der Dispersion von Oberflächenwellen, die sich durch einen ozeanischen Teil der Erdkruste fortgepflanzt haben, Aussagen über den Krustenaufbau entlang dem betrachteten, vorwiegend ozeanischen Wellenweg zu machen. Dabei wird auch die Untersuchungsmethode geschildert, und die Grenzen ihrer Anwendbarkeit sollen kritisch betrachtet werden.

2. Theoretische Betrachtungen

In die Problemstellung dieser Arbeit sollen einige grundlegende Betrachtungen aus der Theorie der Kontinua und der elastischen Wellen einführen (s. [108]).

2.1. Bewegungsgleichungen der Mechanik der Kontinua

Für einen starren Körper ist es notwendig und hinreichend, daß im Falle des Gleichgewichts die Summe aller äußeren Kräfte und die Resultante ihrer Drehmomente verschwinden. Bei einem deformierbaren Körper müssen diese Bedingungen für jeden Teil des Körpers erfüllt sein. Deshalb nennt man dieses Axiom auch „Erstarrungsprinzip", denn das Gleichgewicht eines beliebigen mechanischen Systems wird nicht gestört, wenn man sich das System oder auch nur einen Teil desselben „erstarrt" denkt. Die Gleichungen, die das Verschwinden der äußeren Kräfte und ihrer Momente ausdrücken, lauten:

$$\int_{(\tau)} \mathfrak{F}\, d\tau + \oint_{(F\tau)} \gamma\, df = 0\,, \tag{1}$$

$$\int_{(\tau)} \mathfrak{r}\times\mathfrak{F}\, d\tau + \oint_{(F\tau)} \mathfrak{r}\times\gamma\, df = 0\,, \tag{2}$$

worin

	$\mathfrak{F}\, d\tau = d\mathfrak{K}$	die Volumenkräfte,
	$\gamma\, df = d\mathfrak{K}'$	die Flächenkräfte,
	$\mathfrak{r}\times\mathfrak{F}\, d\tau = \mathfrak{r}\times d\mathfrak{K}$	das Moment der Volumenkräfte
und	$\mathfrak{r}\times\gamma\, df = \mathfrak{r}\times d\mathfrak{K}'$	das Moment der Flächenkräfte

bedeuten. In dem Ausdruck $\mathfrak{K}' = \gamma\, df$ ist γ allgemein die Spannung. Man kann dafür auch $d\mathfrak{K}' = \mathsf{T}\cdot \vec{df}$ schreiben, wobei T jetzt ein Tensor 2. Stufe ist. Es ist naheliegend, daß hier der Spannungstensor S in die Rechnung eingeht.

Also ist $\quad d\mathfrak{K}' = \mathsf{S}\cdot\vec{df}\quad$ oder $\quad d\mathfrak{K}' = \bar{\mathfrak{n}}\cdot \mathsf{S}\, df\,.$

Daraus folgt:

$$\gamma = \bar{\mathfrak{n}}\cdot \mathsf{S}$$

oder besser:

$$\gamma(\mathfrak{r}, t; \bar{\mathfrak{n}}) = \bar{\mathfrak{n}}\cdot \mathsf{S}(\mathfrak{r}, t)\,.$$

Der Drehimpulssatz (2) führt im statischen Fall zur Symmetrie des Spannungstensors, und der Impulssatz (1) liefert die Gleichgewichtsbedingungen.

$$\int_{(\tau)} \mathfrak{F}\, d\tau + \oint_{(F\tau)} \gamma\, df = 0\,,$$

$$\int_{(\tau)} \mathfrak{F}\, d\tau + \oint_{(F\tau)} \bar{\mathfrak{n}}\cdot \mathsf{S}\, df = \int_{(\tau)} \mathfrak{F}\, d\tau + \oint_{(F\tau)} (\vec{df}\cdot \mathsf{S}) = 0\,.$$

Die Anwendung des GAUSS-OSTROGRADSKIschen Integralsatzes führt zu

$$\int_{(\tau)} \mathfrak{F}\, d\tau + \int_{(\tau)} \nabla\cdot \mathsf{S}\, d\tau = \int_{(\tau)} [\mathfrak{F} + \nabla\cdot \mathsf{S}]\, d\tau = 0\,.$$

Da τ beliebig ist, folgt:

$$\boxed{\mathfrak{F} + \nabla \cdot \mathsf{S} = 0}$$

oder (3)

$$\boxed{\mathfrak{F} + \operatorname{div} \mathsf{S} = 0\,.}$$

Dieses statische Problem wird in ein dynamisches überführt, indem formal zu den gegebenen eingeprägten Kräften $\mathfrak{F}_i$ die Trägheitskräfte $- m_i \ddot{\mathfrak{r}}_i$ addiert werden (D'ALEMBERTsches Prinzip).

Damit folgen die Bewegungsgleichungen, wenn die Trägheitskräfte $-\varrho \frac{d^2\mathfrak{S}}{dt^2} d\tau$ zu den Volumenkräften $\mathfrak{F}\, d\tau$ addiert werden:

$$\int_{(\tau)} \left(\mathfrak{F} - \varrho \frac{d^2\mathfrak{S}}{dt^2} + \nabla \cdot \mathsf{S}\right) d\tau = 0\,,$$

d. h.

$$\boxed{\mathfrak{F} + \nabla \cdot \mathsf{S} = \varrho \frac{d^2\mathfrak{S}}{dt^2}\,;} \tag{4}$$

ϱ ist die Massendichte, $\mathfrak{S}$ der Verrückungsvektor.

2.2. Spannungs-Deformations-Beziehungen

Um die Bewegungsgleichungen für bestimmte Medien anwenden zu können, müssen Beziehungen zwischen dem Spannungstensor S und dem Verschiebungsvektor $\mathfrak{S}(\mathfrak{r}, t)$ geschaffen werden.

2.2.1. Fundamentalsatz der Kinematik

Ein deformierbares Medium wird zunächst entlang dem Vektor $\mathfrak{S}(\mathfrak{r}, t)$ verschoben und unterliegt gleichzeitig einer Verzerrung (siehe Zeichnung).

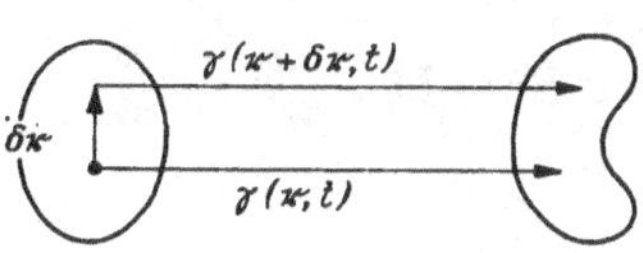

Die gesamte Verrückung setzt sich also aus einer Translation und einer Verzerrung zusammen.

$$\mathfrak{S}\,(\mathfrak{r} + \delta\mathfrak{r}, t) = \mathfrak{S}(\mathfrak{r}, t) + \delta\mathfrak{r} \cdot \nabla\, \mathfrak{S}(\mathfrak{r}, t) + \cdots. \tag{5}$$

Die Verzerrung wiederum kann eine Drehung und eine Deformation sein. Die mathematischen Ausdrücke dafür stecken in dem 2. Glied der rechten Seite von (5).

Den Tensor $\nabla \mathfrak{S}$ kann man in einen symmetrischen und in einen antisymmetrischen Teil wie folgt zerlegen:

$$\nabla \mathfrak{S} = \frac{1}{2}(\nabla \mathfrak{S} + \tilde{\nabla} \mathfrak{S}) + \frac{1}{2}(\nabla \mathfrak{S} - \tilde{\nabla} \mathfrak{S}) . \tag{6}$$

Der symmetrische Teil liefert den Deformationstensor $\mathsf{D} = \frac{1}{2}(\nabla \mathfrak{S} + \tilde{\nabla} \mathfrak{S})$ und der antisymmetrische Teil den Vektor einer infinitesimalen Drehung $\frac{1}{2}$ rot $\mathfrak{S}$.

(6) in (5) eingetragen, ergibt den Fundamentalsatz der Kinematik:

$$\underset{\text{„Verrückung"}}{\mathfrak{S}(\mathfrak{r} + \delta\mathfrak{r}, t)} = \underset{\text{„Translation"}}{\mathfrak{S}(\mathfrak{r}, t)} + \underset{\text{„Deformation"}}{\delta\mathfrak{r} \cdot \mathsf{D}} + \underset{\text{„Drehung"}}{\frac{1}{2} \operatorname{rot} \mathfrak{S} \times \delta\mathfrak{r}} .$$

2.2.2. Das HOOKEsche Gesetz für einen elastischen isotropen Körper

Die rheologische Materialgleichung für einen elastischen Körper (HOOKE-Medium) ist identisch mit dem HOOKEschen Gesetz und lautet:

$$\boxed{\mathsf{S} = \lambda \ \mathsf{I} \operatorname{Spur} \mathsf{D} + 2 \mu \mathsf{D} ,} \tag{7}$$

worin

$$\mathsf{D} = \begin{pmatrix} \frac{\partial s_1}{\partial x_1} & \frac{1}{2}\left(\frac{\partial s_1}{\partial x_2} + \frac{\partial s_2}{\partial x_1}\right) & \frac{1}{2}\left(\frac{\partial s_1}{\partial x_3} + \frac{\partial s_3}{\partial x_1}\right) \\ \frac{1}{2}\left(\frac{\partial s_2}{\partial x_1} + \frac{\partial s_1}{\partial x_2}\right) & \frac{\partial s_2}{\partial x_2} & \frac{1}{2}\left(\frac{\partial s_2}{\partial x_3} + \frac{\partial s_3}{\partial x_2}\right) \\ \frac{1}{2}\left(\frac{\partial s_3}{\partial x_1} + \frac{\partial s_1}{\partial x_3}\right) & \frac{1}{2}\left(\frac{\partial s_3}{\partial x_2} + \frac{\partial s_2}{\partial x_3}\right) & \frac{\partial s_3}{\partial x_3} \end{pmatrix}$$

den Deformationstensor und Spur $\mathsf{D} = \frac{\partial s_1}{\partial x_1} + \frac{\partial s_2}{\partial x_2} + \frac{\partial s_3}{\partial x_3} = \operatorname{div} \mathfrak{S}$ die Volumendilatation $\frac{\Delta V}{V}$ bedeuten.

2.2.3. Die Elastizitätsmoduln

Aus dem HOOKEschen Gesetz ist zu erkennen, daß das Verhalten eines isotropen Körpers von zwei Elastizitätskonstanten bestimmt wird. Es sind dies die „LAMÉschen Elastizitätsmoduln" λ und μ, die außer von der materiellen Beschaffenheit des Körpers von dessen Temperatur abhängen. Es werden ferner als Elastizitätsmoduln noch die Paare E und σ sowie μ und η verwendet. Auf diese Konstanten wird in den folgenden Abschnitten eingegangen.

2.2.3.1. Youngscher Modul und Poissonsche Zahl

Der lineare Elastizitätsmodul E, auch Youngscher Modul genannt, tritt im Hookeschen Gesetz für die Dehnung als Proportionalitätsfaktor auf:

$$\frac{\Delta l}{l} = \frac{1}{E} \frac{Q}{q},$$

worin $\frac{\Delta l}{l}$ die relative Dehnung eines Stabes des Querschnitts q unter Einwirkung der Zugkraft Q bedeutet. Die Beziehung zwischen μ, λ und E ist:

$$E = \frac{\mu (2 \mu + 3 \lambda)}{\mu + \lambda}.$$

Infolge der Einwirkung der Zugkraft auf den Stab in Richtung seiner Achse (z-Richtung) treten außer der Dehnung Querkontraktionen in die Richtungen $-x$ und $-y$ auf, die einander gleich sind. Das Verhältnis der relativen Querkontraktion zur relativen Längsdehnung

$$-\frac{\Delta a}{a} : \frac{\Delta l}{l} = \sigma$$

heißt Querkontraktionskoeffizient oder Poissonsche Zahl. Sie kann nur die Werte zwischen 0 und 1/2 annehmen, liegt aber für die meisten festen Körper bei $\sigma = 1/4$. Mit den Laméschen Konstanten ist σ wie folgt verknüpft:

$$\sigma = \frac{\lambda}{2 (\lambda + \mu)}.$$

Da die Longitudinal- und Transversalwellengeschwindigkeiten unter anderem Funktionen der Laméschen Konstanten, also auch der Poissonschen Zahl, sind, folgt, daß die Geschwindigkeiten mit ihr variieren. Oliver u. a. [96] geben für verschiedene Poissonsche Zahlen, bei gleichbleibender Longitudinalwellengeschwindigkeit, die sich verändernden Transversalwellengeschwindigkeiten an (Tab. 1). Der Zusammenhang ist durch den Ausdruck

$$\frac{\alpha^2}{\beta^2} = 1 + \frac{1}{1 - 2 \sigma}$$

gegeben.

Tabelle 1

Die Veränderung der Transversalwellengeschwindigkeit β (km/s) mit variierendem Poissonschen Verhältnis σ bei konstanter Longitudinalwellengeschwindigkeit α (km/s) (nach Oliver u. a. [96])

σ	α	β	α	β	α	β	α	β
0,23	8,1	4,80	7,9	4,68	6,9	4,09	6,5	3,85
0,25	8,1	4,68	7,9	4,56	6,9	3,98	6,5	3,75
0,27	8,1	4,55	7,9	4,43	6,9	3,87	6,5	3,65
0,28	8,1	4,48	7,9	4,37	6,9	3,81	6,5	3,59
0,30	8,1	4,33	7,9	4,22	6,9	3,69	6,5	3,47

2.2.3.2. Der Kompressions- und Scherungsmodul

Es wirke auf die Oberfläche eines homogenen Körpers beliebiger Form eine überall gleichgroße normale Kraft $-p$ (negatives Vorzeichen, da der Druck entgegen der Richtung der Außennormalen $\mathfrak{n}$ auf die Fläche wirkt). Die tangentiellen Komponenten des Spannungstensors verschwinden, und die Normalkomponenten sind einzeln $-p$. Also

$$\mathsf{S}_{xy} = \mathsf{S}_{yz} = \mathsf{S}_{zx} = 0\,, \qquad \mathsf{S}_{xx} = \mathsf{S}_{yy} = \mathsf{S}_{zz} = -\,p\,,$$

d. h. Spur $\mathsf{S} = -\,3\,p$.

Bildet man jetzt die Spur von (7), so folgt:

$$\text{Spur } \mathsf{S} = -\,3\,p = (3\,\lambda + 2\,\mu)\,\text{Spur } \mathsf{D}, \quad -\,3\,p = (3\,\lambda + 2\,\mu)\,\frac{\Delta V}{V}\,.$$

Die relative Volumenänderung (s. Abs. 2.2.2.) ist:

$$\frac{\Delta V}{V} = -\,\frac{3}{3\,\lambda + 2\,\mu}\,p\,.$$

Nun ist die Kompressibilität:

$$\varkappa = -\,\frac{1}{p}\,\frac{\Delta V}{V}\,, \qquad \searrow \varkappa = \frac{3}{3\,\lambda + 2\,\mu}\,,$$

oder der Kompressionsmodul $\eta = \dfrac{1}{\varkappa}$ ist $\eta = \dfrac{3\,\lambda + 2\,\mu}{3}$ oder

$$\eta = \lambda + \frac{2}{3}\,\mu\,.$$

S c h e r u n g: Bei einer Scherung verschwinden die Diagonalelemente des Spannungs- und des Deformationstensors. Der Scherungswinkel wird in der Experimentalphysik in der Form

$$\gamma = \frac{1}{G}\,\frac{Q}{q} \tag{8}$$

angegeben, wobei $\dfrac{Q}{q}$ die Schubspannung (Tangentialkraft durch Querschnitt) und G der Schub- oder Torsions- oder Scherungs- oder Gleitmodul ist. Aus dem HOOKEschen Gesetz (7) folgt nach Annahme z. B. einer einfachen Scherung:

$$\varepsilon_{xy} = \text{const}\,; \; \varepsilon_{xx} = \varepsilon_{yy} = \varepsilon_{zz} = \varepsilon_{yz} = \varepsilon_{zx} = 0\,,$$

$$\mathsf{S}_{xy} = \text{const}\,; \; \mathsf{S}_{xx} = \mathsf{S}_{yy} = \mathsf{S}_{zz} = \mathsf{S}_{yz} = \mathsf{S}_{zx} = 0\,,$$

$$\mathsf{S}_{xy} = 2\,\mu\,\varepsilon_{xy} \searrow 2\,\varepsilon_{xy} = \frac{S_{xy}}{\mu}\,.$$

$2\,\varepsilon_{xy}$ ist der Scherungswinkel. Somit folgt durch Vergleich mit (8), daß

$$G = \mu\,,$$

d. h. der Schubmodul ist mit dem LAMÉschen Modul μ identisch. Für Flüssigkeiten ist μ allgemein gleich Null.

2.2.3.3. Zusammenstellung der Beziehungen zwischen den Elastizitätsmoduln

Die Formeln, die die verschiedenen Moduln miteinander verknüpfen, lauten:

$$\lambda = \frac{E\,\sigma}{(1+\sigma)(1-2\,\sigma)}\,; \qquad \eta = \lambda + \frac{2}{3}\,\mu\,;$$

$$\mu = \eta\,\frac{3\,(1-2\,\sigma)}{2\,(1+\sigma)}\,; \qquad \eta = \frac{E}{3\,(1-2\,\sigma)}\,;$$

$$\mu = \frac{E}{2\,(1+\sigma)}\,;$$

$$E = \mu\,\frac{(3\,\lambda + 2\,\mu)}{\lambda+\mu}\,; \qquad \sigma = \frac{\lambda}{2\,(\lambda+\mu)}\,;$$

$\lambda = \infty$, wenn der Körper inkompressibel ist. Ist $\sigma = 1/4$, so ist $\lambda = \mu$.

2.3. Wellen im homogenen, isotropen, vollelastischen Medium

2.3.1. Allgemeine Bewegungsgleichungen

Voraussetzungen:

1. Im vollelastischen Medium sind

$$\varrho = \varrho_0 = \text{const}\,; \quad \lambda = \lambda_0 \quad \text{und} \quad \mu = \mu_0\,.$$

2. Für ein isotropes vollelastisches Medium gilt die Beziehung

$$\mathsf{S} = \lambda\,\mathsf{I}\,\mathrm{div}\,\mathfrak{S} + \mu\,(\nabla\mathfrak{S} + \tilde{\nabla}\mathfrak{S}). \tag{7a}$$

(Vgl. Abs. 2.2.2.)

3. Die allgemeine Bewegungsgleichung der Kontinuumsmechanik lautet:

$$\mathfrak{F} + \nabla\cdot\mathsf{S} = \varrho\,\frac{\mathrm{d}^2\mathfrak{S}(\mathfrak{r},t)}{\mathrm{d}t^2}\,. \tag{4}$$

(Vgl. Abs. 2.1.).

Geht man nun mit (7a) in (4) ein, so ergibt sich:

$$\begin{aligned}
\varrho_0\,\frac{\mathrm{d}^2\mathfrak{S}(\mathfrak{r},t)}{\mathrm{d}t^2} &= \mathfrak{F} + \nabla\cdot[\lambda_0\,\mathsf{I}\,\mathrm{div}\,\mathfrak{S} + \mu_0\,(\nabla\mathfrak{S} + \tilde{\nabla}\mathfrak{S})]\,,\\
&= \mathfrak{F} + \lambda_0\,\mathrm{grad\,div}\,\mathfrak{S} + \mu_0\,(\nabla\mathfrak{S} + \nabla\,\nabla\cdot\mathfrak{S})\,,\\
&= \mathfrak{F} + (\lambda_0+\mu_0)\,\mathrm{grad\,div}\,\mathfrak{S} + \mu_0\,\Delta\mathfrak{S}\,,\\
\varrho_0\,\frac{\mathrm{d}^2\mathfrak{S}(\mathfrak{r},t)}{\mathrm{d}t^2} &= \mathfrak{F} + (\lambda_0 + 2\,\mu_0)\,\mathrm{grad\,div}\,\mathfrak{S} - \mu_0\,\mathrm{rot\,rot}\,\mathfrak{S}\,.
\end{aligned}$$

Für die „substantielle" Änderung $\frac{\mathrm{d}}{\mathrm{d}t}$ kann bei kleinen Verrückungen die „lokale" Änderung $\frac{\partial}{\partial t}$ benutzt werden. In der Hydrodynamik ist diese Annäherung nicht mehr erlaubt. Hier muß dann die exakte Beziehung

$$\frac{\mathrm{d}}{\mathrm{d}t} = \frac{\partial}{\partial t} + \mathfrak{v} \cdot \nabla$$

genommen werden.

Also kann man schreiben:

$$\varrho_0 \frac{\partial^2 \mathfrak{S}(\mathfrak{r}, t)}{\partial t^2} = \mathfrak{F}(\mathfrak{r}, t) + (\lambda_0 + \mu_0) \operatorname{grad} \operatorname{div} \mathfrak{S}(\mathfrak{r}, t) + \mu_0 \Delta \mathfrak{S}(\mathfrak{r}, t) \tag{8a}$$

oder

$$\varrho_0 \frac{\partial^2 \mathfrak{S}(\mathfrak{r}, t)}{\partial t^2} = \mathfrak{F}(\mathfrak{r}, t) + (\lambda_0 + 2\,\mu_0) \operatorname{grad} \operatorname{div} \mathfrak{S}(\mathfrak{r}, t) - \mu_0 \operatorname{rot} \operatorname{rot} \mathfrak{S}(\mathfrak{r}, t)\,. \tag{8b}$$

Dies sind die allgemeinen Bewegungsgleichungen für ein homogenes, vollelastisches Medium.

2.3.2. Die Wellendifferentialgleichungen

Die DGl. für Transversalwellen kann man erhalten, indem der Operator rot auf Gl. (8a) angewandt wird. Durch div-Bildung bei (8b) erhält man die DGl. für longitudinale Wellen.

DGl. der Transversalwellen:

$$\boxed{\left(\Delta - \frac{1}{v_T^2} \frac{\partial^2}{\partial t^2}\right) \operatorname{rot} \mathfrak{S} = - \frac{1}{\mu} \operatorname{rot} \mathfrak{F}}$$

mit

$$v_T = \sqrt{\frac{\mu_0}{\varrho_0}}\,.$$

DGl. der Longitudinalwellen:

$$\left(\Delta - \frac{1}{v_L^2} \frac{\partial^2}{\partial t^2}\right) \operatorname{div} \mathfrak{S} = - \frac{\operatorname{div} \mathfrak{F}}{\lambda_0 + 2\,\mu_0}$$

mit

$$v_L = \sqrt{\frac{\lambda_0 + 2\,\mu_0}{\varrho_0}}\,.$$

Eine andere Möglichkeit zur Herleitung der DGlen ist folgende: Die Verrückung $\mathfrak{S}(\mathfrak{r}, t)$ wird in einen longitudinalen und in einen transversalen Anteil zerlegt, wobei ersterer wirbelfrei und der andere quellenfrei ist:

$$\mathfrak{S}(\mathfrak{r}, t) = \mathfrak{S}_L(\mathfrak{r}, t) + \mathfrak{S}_T(\mathfrak{r}, t)$$

mit

$$\operatorname{rot} \mathfrak{S}_L(\mathfrak{r}, t) = 0 \qquad \text{und} \qquad \operatorname{div} \mathfrak{S}_T(\mathfrak{r}, t) = 0\,.$$

Weiterhin kann der Ansatz

$$\mathfrak{S}(\mathfrak{r}, t) = - \operatorname{grad} \Psi(\mathfrak{r}, t) + \operatorname{rot} \mathfrak{A}(\mathfrak{r}, t)$$

gemacht werden, worin $\Psi(\mathfrak{r}, t)$ ein skalares und $\mathfrak{A}(\mathfrak{r}, t)$ ein Vektorpotential bedeuten. Je nachdem, welche Art des Ansatzes gemacht wurde, erhält man folgende Formen der Wellen-DGlen für $\mathfrak{F} \equiv 0$:

Longitudinalwellen:

$$\left(\Delta - \frac{1}{v_L^2}\frac{\partial^2}{\partial t^2}\right)\begin{cases}\operatorname{div}\mathfrak{S}\\ \mathfrak{S}_L\\ \Psi\end{cases} = 0 \tag{9a}$$

$$\text{mit} \quad v_L = \sqrt{\frac{\lambda_0 + 2\mu_0}{\varrho_0}};$$

Transversalwellen:

$$\left(\Delta - \frac{1}{v_T^2}\frac{\partial^2}{\partial t^2}\right)\begin{cases}\operatorname{rot}\mathfrak{S}\\ \mathfrak{S}_T\\ \mathfrak{A}\end{cases} = 0 \tag{9b}$$

$$\text{mit} \quad v_T = \sqrt{\frac{\mu_0}{\varrho_0}}.$$

Bei den Longitudinalwellen breitet sich die Deformation der Volumenelemente mit der Geschwindigkeit $\sqrt{\frac{\lambda_0 + 2\mu_0}{\varrho_0}}$ aus. Deformationen, bei denen $\operatorname{div}\mathfrak{S} = 0$ ist (Drehungen), breiten sich mit der geringeren Geschwindigkeit $\sqrt{\frac{\mu_0}{\varrho_0}}$ aus.

$$\frac{v_T}{v_L} = \sqrt{\frac{\mu_0}{\lambda_0 + 2\mu_0}} = \sqrt{\frac{1 - 2\sigma}{2(1 - \sigma)}} \qquad \text{(vgl. 2.2.3.3.).}$$

Für $\sigma = 1/4$, also $\lambda = \mu$, ist

$$v_L = \sqrt{3}\, v_T .$$

2.3.3. Einige grundlegende Betrachtungen zu ebenen harmonischen Wellen

Liegt ein punktförmiges Erregerzentrum im Unendlichen oder mindestens sehr weit entfernt, oder geht die Welle von einer Ebene aus, die überall mit gleicher Phase schwingt, dann sind die Wellenflächen Ebenen. Die Verrückung

$$\mathfrak{S} = \mathfrak{S}(x, t)$$

und die Lösung der Wellen-DGl.:

$$\left(\Delta - \frac{1}{v^2}\frac{\partial^2}{\partial t^2}\right)\mathfrak{S} = \left(\frac{\partial^2}{\partial x^2} - \frac{1}{v^2}\frac{\partial^2}{\partial t^2}\right)\mathfrak{S}(x, t) - 0$$

ist

$$\mathfrak{S} = \mathfrak{S}_1 (x - v\,t) + \mathfrak{S}_2 (x + v\,t)$$

oder

$$\mathfrak{S} = \mathfrak{S}_1(\varphi_1) + \mathfrak{S}_2(\varphi_2);$$

$\varphi = x \mp v\,t$ ist die „Phase" und $\left|\left(\frac{\partial \varphi}{\partial t}\right)_{x=\mathrm{const}}\right| = v$ die „Phasengeschwindigkeit".

Es wird ferner ein Einheitsvektor $\bar{\mathfrak{k}}$ definiert, der in die Fortpflanzungsrichtung der Wellen zeigt. Damit ist:

$$x = \bar{\mathfrak{k}} \cdot \mathfrak{r} \quad \text{und} \quad \varphi = \bar{\mathfrak{k}} \cdot \mathfrak{r} \mp v\,t\,.$$

Somit lautet die Verrückung der Teilchen für eine „ebene Welle":

$$\boxed{\mathfrak{S} = \mathfrak{S}(\bar{\mathfrak{k}} \cdot \mathfrak{r} + v\,t);} \tag{10}$$

$$\mathfrak{S} = \mathfrak{S}_0 \sin\left[2\,\pi\left(\frac{x}{L} \mp \frac{t}{T}\right)\right],$$

$$\mathfrak{S} = \mathfrak{S}_0 \sin\left[\frac{2\,\pi}{L}\left(x \mp \frac{L}{T}t\right)\right].$$

Daraus folgt durch Vergleich mit (10):

$$\boxed{v = \frac{L}{T}} \quad \text{die „Phasengeschwindigkeit".}$$

Nun ist

$$\mathfrak{S} = \mathfrak{S}_0 \sin\left[\frac{2\,\pi}{L}(x \mp v\,t)\right] = \mathfrak{S}_0 \sin\left[\frac{2\,\pi}{L}(\bar{\mathfrak{k}} \cdot \mathfrak{r} \mp v\,t)\right].$$

Durch Einführung des Wellenzahlvektors

$$\mathfrak{k} = \bar{\mathfrak{k}}\,k\,, \quad \text{mit} \quad k = \frac{2\,\pi}{L} \quad \text{„Wellenzahl",}$$

folgt:

$$\mathfrak{S} = \mathfrak{S}_0 \sin(\mathfrak{k} \cdot \mathfrak{r} \pm k\,v\,t)\,.$$

Weiterhin ist $k\,v = \frac{2\,\pi}{L}\frac{L}{T} = \frac{2\,\pi}{T} = \omega$ die „Kreisfrequenz"

$$\curvearrowright \mathfrak{S} = \mathfrak{S}_0 \sin(\mathfrak{k} \cdot \mathfrak{r} \mp \omega\,t)$$

oder, allgemeiner, in komplexer Schreibweise:

$$\boxed{\mathfrak{S} = \mathfrak{S}_0^*\, e^{i(\mathfrak{k} \cdot \mathfrak{r} \mp \omega t)}\,.} \tag{11}$$

Hiervon kann je nach Bedingungen der Real- oder Imaginärteil als Lösungsansatz benutzt werden. $\mathfrak{S}_0 = \bar{\mathfrak{S}}_0|\mathfrak{S}_0|$ ist die Amplitude, welche für die Longitudinalwellen durch den Ausdruck $\mathfrak{S}_0 = \bar{\mathfrak{k}}\, s_0\ [s_0 \gtrless 0]$ und für die Transversalwellen durch $\mathfrak{S}_0 = \bar{\mathfrak{k}} \times \bar{\mathfrak{a}}_0\, s_0$ beschrieben wird, wobei also $\mathfrak{S}_0$ senkrecht zu $\bar{\mathfrak{k}}$ und $\bar{\mathfrak{a}}_0 (\nparallel \bar{\mathfrak{k}})$ steht.

2.3.4. Gruppengeschwindigkeit

Eine „Wellengruppe" entsteht, wenn sich mehrere, in der gleichen Richtung fortschreitende Planwellen etwas unterschiedlicher Frequenz (d. h. auch etwas verschiedener Wellenlänge und Wellenzahl) überlagern. Im einfachen Fall sind das zwei Wellen gleicher Amplitude:

$$\zeta_1 = a \sin (k_1 x - \omega_1 t) \quad \text{und} \quad \zeta_2 = a \sin (k_2 x - \omega_2 t)\,.$$

Die Überlagerung führt zu

$$\zeta = \zeta_1 + \zeta_2;$$

$$\zeta = a\,[\sin (k_1 x - \omega_1 t) + \sin (k_2 x - \omega_2 t)]$$

$$\left[\text{mit} \quad \sin\alpha \pm \sin\beta = 2 \cos \frac{\alpha \mp \beta}{2} \sin \frac{\alpha \pm \beta}{2}\right],$$

$$\zeta = 2\,a \cos \left(\frac{(k_1 - k_2)}{2} x - \frac{(\omega_1 - \omega_2)}{2} t\right) \sin \left(\frac{k_1 + k_2}{2} x - \frac{\omega_1 + \omega_2}{2} t\right).$$

Abkürzungen:

$$\frac{k_1 + k_2}{2} = k_0\,; \quad \frac{\omega_1 + \omega_2}{2} = \omega_0$$

$$k_1 - k_2 = \Delta k\ (\ll k_0); \quad \omega_1 - \omega_2 = \Delta\omega\ (\ll \omega_0)$$

$$\boxed{\zeta = A \sin (k_0 x - \omega_0 t) \quad \text{mit} \quad A = 2\,a \cos \frac{1}{2} (\Delta k\, x - \Delta\omega\, t)}$$

Die so entstandene Wellengruppe kann man sich als eine Welle vorstellen, deren Amplitude nicht konstant, sondern langsam veränderlich ist. Die Phasengeschwindigkeit $\frac{\omega_0}{k_0}$, mit der sich die Wellenphase $(k_0 x - \omega_0 t)$ der Gruppe fortpflanzt, ist den Phasengeschwindigkeiten $\frac{\omega_1}{k_1}$ und $\frac{\omega_2}{k_2}$ der einzelnen Wellen gleich. Die „Amplitudenphase" $\frac{1}{2} (\Delta k\, x - \Delta\omega\, t)$ und so auch das Amplitudenmaximum schreiten mit der „Gruppengeschwindigkeit"

$$u = \frac{\Delta\omega}{\Delta k} \quad \text{bzw. (im Limes } \Delta k \to 0)$$

$$u = \frac{d\omega}{dk} \quad \text{fort.}$$

Nun ist aber $\omega = k\,v$.

Daraus folgt die Beziehung zwischen Gruppen- und Phasengeschwindigkeit:

$$\boxed{u = v + k\,\frac{\mathrm{d}v}{\mathrm{d}k}}$$

oder wegen $k = \frac{2\,\pi}{L}$ (12)

$$\boxed{u = v - L\frac{\mathrm{d}v}{\mathrm{d}L}.}$$

Im dispersionsfreien Fall $\frac{\mathrm{d}v}{\mathrm{d}L} = 0$ sind Gruppen- und Phasengeschwindigkeit gleich.

Im Fall normaler Dispersion $\frac{\mathrm{d}v}{\mathrm{d}L} > 0$ ist die Gruppengeschwindigkeit kleiner und bei anomaler Dispersion $\frac{\mathrm{d}v}{\mathrm{d}L} < 0$ ist sie größer als die Phasengeschwindigkeit.

2.4. Oberflächenwellen am kräftefreien, vollkommen elastischen Halbraum

2.4.1. RAYLEIGH-Wellen

Es wird die Ausbreitung einer ebenen Oberflächenwelle am homogenen Halbraum betrachtet. Die Fragestellung lautet: Welche Schwingungsanteile sind am Wellenvorgang beteiligt, welche Partikelbewegung ist zu erwarten, und wie ist die Dämpfung mit zunehmendem z?

Die z-Achse des Koordinatensystems stehe senkrecht zur Erdoberfläche und zeige mit ihrer positiven Richtung in den Halbraum. Die Erdoberfläche selbst bilde die $x - y$-Ebene (s. Zeichnung).

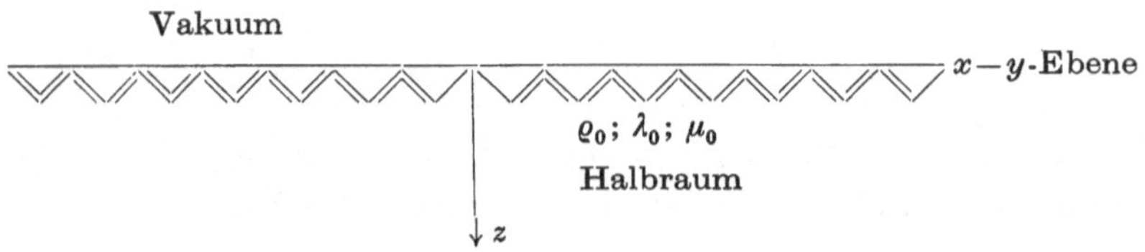

Als Vereinfachung werde angenommen, daß die Wellen eben sowie räumlich und zeitlich harmonisch seien. Die Fortschreitungsrichtung liege parallel zur Oberfläche, d. h.

$$\mathfrak{k} \cdot \mathfrak{n}_z = 0\,, \tag{13}$$

und die Amplitude gehe mit $\sim e^{-z}$.

Randbedingungen:

Der Halbraum sei spannungsfrei, $\mathfrak{n}_z \cdot \mathsf{S} = 0$ und die Verrückung $\mathfrak{S}$ beliebig. Der Ansatz lautet (vgl. Abs. 2.3.3.):

$$\mathfrak{S}(\mathfrak{r}, t) = \mathfrak{Re}\,\{\mathfrak{S}_0\, e^{i(\hat{\mathfrak{k}} \cdot \mathfrak{r} - \omega t)}\} \tag{14}$$

mit

$$\hat{\mathfrak{k}} = \mathfrak{k} + i\, l\, \mathfrak{n}_z; \qquad i\, \hat{\mathfrak{k}} \cdot \mathfrak{r} = i\, \mathfrak{k} \cdot \mathfrak{r} - l\, z\,.$$

Durch Eingehen von (14) in die Bewegungsgleichung (8a) für $\mathfrak{F} \equiv 0$ ergibt sich nach einigen Umformungen mit

$$\begin{bmatrix} \nabla\, \mathfrak{S} = i\, \hat{\mathfrak{k}}\, \mathfrak{S}; \quad \nabla \cdot \mathfrak{S} = i\, \mathfrak{k} \cdot \hat{\mathfrak{S}}; \\ \nabla\, \nabla \cdot \mathfrak{S} = -\, \hat{\mathfrak{k}}\, \hat{\mathfrak{k}} \cdot \mathfrak{S}; \quad \Delta \mathfrak{S} \equiv \nabla \cdot \nabla \mathfrak{S} = -\, \hat{\mathfrak{k}} \cdot \hat{\mathfrak{k}}\, \mathfrak{S} \end{bmatrix}$$

folgender Ausdruck:

$$\boxed{\{(\lambda_0 + \mu_0)\, \hat{\mathfrak{k}}\, \hat{\mathfrak{k}} - (\varrho_0\, \omega^2 - \mu_0\, \hat{\mathfrak{k}} \cdot \hat{\mathfrak{k}})\, \mathfrak{I}\} \cdot \hat{\mathfrak{S}}_0 = 0\,.} \tag{15}$$

Als Abkürzung kann man schreiben:

$$\frac{\varrho_0\, \omega^2 - \mu_0\, \hat{\mathfrak{k}} \cdot \hat{\mathfrak{k}}}{\lambda_0 + \mu_0} = a\,,$$

und da

$$\hat{\mathfrak{k}} = k\, \bar{\mathfrak{k}} + i\, l\, \mathfrak{n}_z$$

ist, folgt:

$$\frac{\varrho_0\, \omega^2 - \mu_0\, (k^2 - l^2)}{\lambda_0 + \mu_0} = a\,.$$

Somit geht (15) über in

$$\boxed{(\hat{\mathfrak{k}}\, \hat{\mathfrak{k}} - a\, \mathfrak{I}) \cdot \hat{\mathfrak{S}}_0 = 0\,.} \tag{16}$$

Im Koordinatensystem, das durch die drei Richtungen von $\bar{\mathfrak{k}}$, $\mathfrak{n}_\perp$ und $\mathfrak{n}_z$ gebildet wird, sind die Komponenten von $\hat{\mathfrak{S}}_0$ und $\hat{\mathfrak{k}}$ folgende:

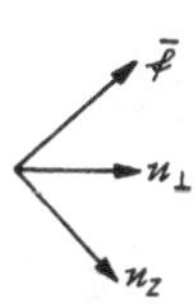

$$\begin{aligned} \hat{\mathfrak{S}}_0 &= \hat{s}_{0\parallel}\, \bar{\mathfrak{k}} + \hat{s}_{0\perp}\, \mathfrak{n}_\perp + \hat{s}_{0z}\, \mathfrak{n}_z\,, \\ \hat{\mathfrak{k}} &= k\, \bar{\mathfrak{k}} \qquad\qquad + i\, l\, \mathfrak{n}_z \quad \text{[vgl. (14)]}\,. \end{aligned}$$

Nun sind:

$$\begin{aligned} \hat{\mathfrak{k}}\, \hat{\mathfrak{k}} &= (k\, \bar{\mathfrak{k}} + i\, l\, \mathfrak{n}_z)\, (k\, \bar{\mathfrak{k}} + i\, l\, \mathfrak{n}_z) \\ &= k^2\, \bar{\mathfrak{k}}\, \bar{\mathfrak{k}} - l^2\, \mathfrak{n}_z\, \mathfrak{n}_z + i\, k\, l\, (\mathfrak{n}_z\, \bar{\mathfrak{k}} + \bar{\mathfrak{k}}\, \mathfrak{n}_z)\,, \\ a\, \mathfrak{I} &= a\, \bar{\mathfrak{k}}\, \bar{\mathfrak{k}} + a\, \mathfrak{n}_\perp\, \mathfrak{n}_\perp + a\, \mathfrak{n}_z\, \mathfrak{n}_z\,. \end{aligned}$$

Damit kann man (16) schreiben:

$$\begin{aligned} &\{\bar{\mathfrak{k}}\, [\bar{\mathfrak{k}}\, (k^2 - a) + \mathfrak{n}_\perp \cdot 0 + \mathfrak{n}_z\, i\, k\, l] + \mathfrak{n}_\perp\, [\bar{\mathfrak{k}} \cdot 0 - \mathfrak{n}_\perp\, a + \mathfrak{n}_z \cdot 0] \\ &+ \mathfrak{n}_z\, [\bar{\mathfrak{k}}\, i\, k\, l + \mathfrak{n}_\perp \cdot 0 - \mathfrak{n}_z\, (l^2 + a)]\} \cdot \{\hat{s}_{0\parallel}\, \hat{\mathfrak{k}} + \hat{s}_{0\perp}\, \mathfrak{n}_\perp + \hat{s}_{0z}\, \mathfrak{n}_z\} = 0\,. \end{aligned}$$

Ausgerechnet lautet der letzte Ausdruck:

$$\bar{\mathfrak{k}}\,[(k^2 - a)\,\hat{s}_{0||} + 0 + i\,k\,l\,\hat{s}_{0z}] + \mathfrak{n}_{\perp}\,[0 - a\,\hat{s}_{0\perp} + 0] + \mathfrak{n}_z\,[i\,k\,l\,\hat{s}_{0||} + 0 - (l^2 + a)\,\hat{s}_{0z}] = 0\,.$$

Das bedeutet

$$\left.\begin{aligned} (k^2 - a)\,\hat{s}_{0||} + i\,k\,l\,\hat{s}_{0z} &= 0\,, \\ - a\,\hat{s}_{0\perp} &= 0\,, \\ i\,k\,l\,\hat{s}_{0||} - (l^2 + a)\,\hat{s}_{0z} &= 0\,. \end{aligned}\right\} \tag{17}$$

Diese drei linearen homogenen Gleichungen für $\hat{s}_{0||}$, $\hat{s}_{0\perp}$ und $\hat{s}_{0z}$ sind dann lösbar, wenn die Determinante der Koeffizienten verschwindet.

$$\begin{vmatrix} k^2 - a & 0 & i\,k\,l \\ 0 & -a & 0 \\ i\,k\,l & 0 & -(l^2 + a) \end{vmatrix} = a^2\,(k^2 - l^2 - a) = 0 \quad \rightarrow \quad a_1 = k_1^2 - l_1^2 \quad \text{und} \quad a_{\frac{2}{3}} = 0\,.$$

Das bedeutet aber bei Berücksichtigung der oben eingeführten Abkürzung:

$$\frac{\varrho_0\,\omega_1^2 - \mu_0\,(k_1^2 - l_1^2)}{\lambda_0 + \mu_0} = k_1^2 - l_1^2$$

und

$$\varrho_0\,\omega_{\frac{2}{3}}^2 - \mu_0\,(k_{\frac{2}{3}}^2 - l_{\frac{2}{3}}^2) = 0\,.$$

Unter Berücksichtigung dessen, daß die Geschwindigkeit der Longitudinalwellen $v_L = \sqrt{\frac{\lambda_0 + 2\,\mu_0}{\varrho_0}}$ und die der Transversalwellen $v_T = \sqrt{\frac{\mu_0}{\varrho_0}}$ ist, folgt:

$$k_1^2 - l_1^2 = \frac{\varrho_0\,\omega_1^2}{\lambda_0 + 2\,\mu_0} = \left(\frac{\omega_1}{v_L}\right)^2, \tag{18}$$

$$k_{\frac{2}{3}}^2 - l_{\frac{2}{3}}^2 = \frac{\varrho_0\,\omega_{\frac{2}{3}}^2}{\mu_0} = \left(\frac{\omega_{\frac{2}{3}}}{v_T}\right)^2. \tag{19}$$

Die Lösungen von (17) berechnen sich, wenn man mit den Bedingungen (18) und (19) in das Gleichungssystem eingeht. Zuerst wird die Lösung, die sich durch Vorgabe der Bedingung (18) ergibt, berechnet:

$$\begin{aligned} k_{\frac{2}{3}}^2\,\hat{s}_{0||} + \quad 0 \quad + i\,k_{\frac{2}{3}}\,l_{\frac{2}{3}}\,\hat{s}_{0z} &= 0\,, \\ 0 \quad + 0 \cdot \hat{s}_{0\perp} + \quad 0 \quad &= 0\,, \\ i\,k_{\frac{2}{3}}\,l_{\frac{2}{3}}\,\hat{s}_{0||} + \quad 0 \quad - \quad l_{\frac{2}{3}}^2\,\hat{s}_{0z} &= 0\,. \end{aligned}$$

Daraus ist ersichtlich, daß $\hat{s}_{0\perp}$ unbestimmt bleibt.

Aber es ist:

$$\frac{\hat{s}_{0||}}{\hat{s}_{0z}} = -\frac{i\, l_{\frac{2}{3}}}{k_{\frac{2}{3}}} = \frac{l_{\frac{2}{3}}}{i\, k_{\frac{2}{3}}}\,.$$

Damit folgt ein Teil der Gesamtlösung:

$$\boxed{\hat{\mathfrak{S}}_{0\frac{2}{3}} = C_{\frac{2}{3}}\,[\bar{\mathfrak{f}}\, l_{\frac{2}{3}} + i\, \mathfrak{n}_z\, k_{\frac{2}{3}}] + \mathfrak{n}_\perp\, s_{0\perp}\,.} \tag{20}$$

Geht man mit der Bedingung (19) in das Gleichungssystem (17) ein, so folgt, da $a_1 = k_1^2 - l_1^2$ ist:

$$\begin{aligned} l_1^2\, \hat{s}_{0||} + \quad & 0 & + i\, k_1\, l_1\, \hat{s}_{0z} &= 0\,,\\ 0 \quad & -(k_1^2 - l_1^2)\, \hat{s}_{0\perp} + & 0 \quad &= 0\,,\\ i\, k_1\, l_1\, \hat{s}_{0||} + \quad & 0 & - \quad k_1^2\, \hat{s}_{0z} &= 0\,. \end{aligned}$$

Daraus folgt, daß $\hat{s}_{0\perp} = 0$ ist, wenn $l_1^2 \neq k_1^2$ und weiter

$$\frac{\hat{s}_{0||}}{\hat{s}_{0z}} = -\frac{i\, k_1}{l_1} = \frac{k_1}{i\, l_1}$$

ist. So lautet der zweite Teil der Gesamtlösung für $\mathfrak{S}_0$

$$\boxed{\hat{\mathfrak{S}}_0 = C_1\,(\bar{\mathfrak{f}}\, k_1 + i\, \mathfrak{n}_z\, l_1) = C_1\, \hat{\mathfrak{f}}_1\,.} \tag{21}$$

Der Bewegungsdifferentialgleichung (8a) genügt also der Lösungsansatz

$$\mathfrak{S}(\mathfrak{r}, t) = \Re e\,\{\hat{\mathfrak{S}}_1 + \hat{\mathfrak{S}}_2\}\,, \tag{22}$$

worin $\hat{\mathfrak{S}}_1 = \hat{\mathfrak{S}}_{01}\, e^{i(\hat{\mathfrak{f}}_1 \cdot \mathfrak{r} - \omega_1 t)}$ ist und unter Berücksichtigung von (21) auch als $\hat{\mathfrak{S}}_1 = C_1\, \hat{\mathfrak{f}}_1\, e^{i(\hat{\mathfrak{f}}_1 \cdot \mathfrak{r} - \omega_1 t)}$ mit

$$\hat{\mathfrak{f}}_1 = \hat{\mathfrak{f}}\, k_1 + \mathfrak{n}_z\, i\, l_1 \qquad \text{und} \qquad k_1^2 - l_1^2 = \left(\frac{\omega_1}{v_L}\right)^2$$

geschrieben werden kann. Diese Verrückung liefert einen longitudinalen Anteil, was daraus zu ersehen ist, daß die Longitudinalwellengeschwindigkeit in die Rechnung in Form des Ausdruckes $k_1^2 - l_1^2 = \left(\frac{\omega_1}{v_L}\right)^2$ eingeht. Es ist aber auch durch Rotationsbildung von $\hat{\mathfrak{S}}_1$ zu beweisen. Denn

$$\nabla \times \hat{\mathfrak{S}}_1 = i\, \hat{\mathfrak{f}}_1 \times (C_1\, \hat{\mathfrak{f}}_1\, e^{i(\hat{\mathfrak{f}}_1 \cdot \mathfrak{r} - \omega_1 t)}) = 0.$$

Der andere Lösungsanteil ist die Verrückung

$$\hat{\mathfrak{S}}_2 = \hat{\mathfrak{S}}_{02}\, e^{i(\hat{\mathfrak{f}}_2 \cdot \mathfrak{r} - \omega_2 t)}\,,$$

worin $\hat{\mathfrak{S}}_{02}$ durch den Ausdruck (20) beschrieben wird. Es bedeuten $\hat{\mathfrak{f}}_2 = \hat{\mathfrak{f}}\, k_2 + \mathfrak{n}_z\, i\, l_2$ und $k_2^2 - l_2^2 = \left(\frac{\omega_2}{v_T}\right)^2$. Ferner ist $\hat{\mathfrak{f}}_2 \cdot \hat{\mathfrak{S}}_{02} = 0$. Dieser Anteil drückt eine

Partikelbewegung senkrecht zur Fortpflanzungsrichtung aus. Es ist:

$$\nabla \cdot \hat{\mathfrak{S}}_2 = i\,\hat{\mathfrak{k}}_2 \cdot \hat{\mathfrak{S}}_{02}\, e^{i(\hat{\mathfrak{k}}_2 \cdot \mathfrak{r} - \omega_2 t)} = 0\,.$$

Ergebnis der Berechnung bis hierher:

Die unter den genannten Voraussetzungen sich ausbreitende Verrückung $\mathfrak{S}(\mathfrak{r}, t)$ setzt sich aus einem Anteil, der in Fortpflanzungsrichtung zeigt (longitudinaler Anteil), und einem, der senkrecht zu ihr gerichtet ist (transversaler Anteil), zusammen. Bis zu diesem Zeitpunkt der Betrachtungen sind noch beide transversalen Verrückungen, sowohl horizontaler als auch vertikaler Art, in dem transversalen Verrückungsanteil enthalten.

Durch Anpassen der Lösung $\mathfrak{S}(\mathfrak{r}, t) = \Re\mathfrak{e}\{\hat{\mathfrak{S}}_1 + \hat{\mathfrak{S}}_2\}$ an die Oberflächenbedingung, nämlich, daß der Übergang der beiden Medien spannungsfrei sein soll, können weitere Aussagen über den Bewegungsvorgang gemacht werden.

Für $z = 0$ gilt also

$$\mathfrak{n}_z \cdot \mathsf{S} = 0$$

oder wegen (7a)

$$\mathfrak{n}_z \cdot \{\lambda_0\, \mathsf{I}\, \operatorname{div} \mathfrak{S} + \mu_0 (\nabla \mathfrak{S} + \tilde{\nabla} \mathfrak{S})\} = 0\,. \tag{23}$$

Durch Eingehen von (22) in (23) folgt:

$$\mathfrak{n}_z \cdot \{\lambda_0\, \mathsf{I}\, \operatorname{div} \mathfrak{S}_1 + \mu_0 (\nabla \mathfrak{S}_1 + \tilde{\nabla} \mathfrak{S}_1) + \mu_0 (\nabla \mathfrak{S}_2 + \tilde{\nabla} \mathfrak{S}_2)\} = 0\,.$$

Die Ausdrücke, für $\mathfrak{S}_1$ und $\mathfrak{S}_2$ eingesetzt, ergeben

$$\left.\begin{aligned} &\mathfrak{n}_z \cdot \underbrace{\{\lambda_0\, \mathsf{I}\, i\,\hat{\mathfrak{k}}_1 \cdot \hat{\mathfrak{k}}_1 + 2\,\mu_0\, i\,\hat{\mathfrak{k}}_1 \hat{\mathfrak{k}}_1\}\, C_1}_{\hat{A}}\, e^{i(\hat{\mathfrak{k}}_1 \cdot \mathfrak{r} - \omega_1 t)} \\ &+ \mathfrak{n}_z \cdot \underbrace{\{i\,\mu_0 (\hat{\mathfrak{S}}_{02}\, \hat{\mathfrak{k}}_2 + \hat{\mathfrak{k}}_2\, \hat{\mathfrak{S}}_{02})\}}_{\hat{B}}\, e^{i(\hat{\mathfrak{k}}_2 \cdot \mathfrak{r} - \omega_2 t)} = 0 \end{aligned}\right\}\ \text{für } z = 0\,. \tag{24}$$

Da für $z = 0$ ganz allgemein gilt

$$\hat{\mathfrak{k}}_j \cdot \mathfrak{r} = (k_j\,\bar{\mathfrak{k}} + i\,\mathfrak{n}_z\, l_j) \cdot \mathfrak{r} = k_j\,\bar{\mathfrak{k}} \cdot \mathfrak{r} + i\, z\, l_j = k_j\,\bar{\mathfrak{k}} \cdot \mathfrak{r}\,,$$

nimmt (24) die Form an

$$\mathfrak{n}_z \cdot \{\hat{A}\, e^{i(k_1 \bar{\mathfrak{k}} \cdot \mathfrak{r} - \omega_1 t)} + \hat{B}\, e^{i(k_2 \bar{\mathfrak{k}} \cdot \mathfrak{r} - \omega_2 t)}\} = 0\,.$$

Bildet man hiervon die Ableitung nach der Zeit und den Gradienten, so folgt aus der ersteren Operation $\omega_1 = \omega_2 = \omega$ und mit Hilfe der zweiten $k_1 = k_2 = k$. Das bedeutet, daß die beiden Wellenanteile $\mathfrak{S}_1$ und $\mathfrak{S}_2$ einen einheitlichen Wellenvorgang bilden, da sie gleiche Kreisfrequenzen und Wellenzahlen besitzen. Da $\frac{\omega}{k}$ eine Phasengeschwindigkeit ist, hat auch diese für den Wellenvorgang nur einen Wert. Es ist die Phasengeschwindigkeit der RAYLEIGH-Welle v_R.

Wird das letztgenannte Ergebnis in (24) berücksichtigt, so ergeben sich nach Durchführung einiger Rechenschritte folgende drei skalare Gleichungen:

$$- \mu_0 \{2 k l_1 C_1 + l_2^2 C_2 + k^2 C_2\} = 0 ,$$

$$- \mu_0 l_2 s_{0\perp} = 0 ,$$

$$+ i \mu_0 \{- k l_2 C_2 - l_2 k C_2 - 2 l_1^2 C_1 + \frac{\lambda_0}{\mu_0} (k_1^2 - l_1^2) C_1\} = 0 .$$

Hieraus folgt unmittelbar, daß

$$\boxed{s_{0\perp} = 0 .} \tag{25}$$

Übrig bleiben noch zwei Gleichungen zur Bestimmung der Konstanten C_1 und C_2.

Diese Gleichungen lauten, wenn man $\frac{\lambda_0}{\mu_0}$ durch $\frac{v_L^2 - 2 v_T^2}{v_T^2}$ ausdrückt und (18) und (19) beachtet,

$$\left.\begin{aligned} 2 k \sqrt{k^2 - \left(\frac{\omega}{v_L}\right)^2}\, C_1 + \left[2 k^2 - \left(\frac{\omega}{v_T}\right)^2\right] C_2 = 0 , \\ v_T^2 \left[2 k^2 - \left(\frac{\omega}{v_T}\right)^2\right] C_1 + 2 k v_T^2 \sqrt{k^2 - \left(\frac{\omega}{v_T}\right)}\, C_2 = 0 , \end{aligned}\right\} \tag{26}$$

$$k^2 \sqrt{\left[k^2 - \left(\frac{\omega}{v_L}\right)^2\right]\left[k^2 - \left(\frac{\omega}{v_T}\right)^2\right]} = \left[k^2 - \frac{1}{2}\left(\frac{\omega}{v_T}\right)^2\right]^2 .$$

Eine Umformung dieser Gleichung mit

$$\frac{\omega}{k} = v_R$$

ergibt die RAYLEIGHsche Gleichung zur Bestimmung der Phasengeschwindigkeit, wenn die Longitudinal- und Transversalwellengeschwindigkeit oder die LAMÉschen Moduln vorgegeben sind (für ein bestimmtes elastisches Medium).

$$\boxed{\sqrt{\left[1 - \left(\frac{v_R}{v_L}\right)^2\right]\left[1 - \left(\frac{v_R}{v_T}\right)^2\right]} = \left[1 - \frac{1}{2}\left(\frac{v_R}{v_T}\right)^2\right]^2 .} \tag{27}$$

Aus der Gleichung ist weiterhin zu ersehen, daß die Phasengeschwindigkeit der RAYLEIGH-Welle nicht explizit von ω abhängt, also auch nicht von der Periode. Das bedeutet aber, die Wellen zeigen keine Dispersion. Im wirklichen Fall der geschichteten Erde sind sie aber dispersiv.

2.4.1.1. Der Wellenvorgang an der Oberfläche

Nun soll noch der Wellenvorgang an der Oberfläche ($z = 0$) untersucht werden.

Die Verrückung an der Oberfläche kann also wie folgt dargestellt werden:

$$\mathfrak{S}(\mathfrak{r}, t) = \Re e \, \{\hat{\mathfrak{f}}_1 \, C_1 \, e^{i(\hat{\mathfrak{f}} \cdot \mathfrak{r} - \omega t)} + \mathfrak{S}_{02} \, e^{i(\hat{\mathfrak{f}} \cdot \mathfrak{r} - \omega t)}\} \,,$$

für $z = 0$

$$\mathfrak{S}(\mathfrak{r}, t) = \Re e \, \{[(\bar{\mathfrak{f}} \, k + i \, \mathfrak{n}_z \, l_1) \, C_1 + (\bar{\mathfrak{f}} \, l_2 + i \, \mathfrak{n}_z \, k) \, C_2] \, e^{i(\mathfrak{f} \cdot \mathfrak{r} - \omega t)}\} \,.$$

Die Verrückungskomponente in $\bar{\mathfrak{f}}$-Richtung ist dann:

$$\bar{\mathfrak{f}} \, s_{\bar{\mathfrak{f}}} = \bar{\mathfrak{f}} \, \Re e \, \{(k \, C_1 + l_2 \, C_2) \, e^{i(\mathfrak{f} \cdot \mathfrak{r} - \omega t)}\} = \bar{\mathfrak{f}} \, \Re e \left\{k \, C_1 \left(1 + \frac{l_2 \, C_2}{k \, C_1}\right) e^{i(\mathfrak{f} \cdot \mathfrak{r} - \omega t)}\right\},$$

$$\frac{C_2}{C_1} = - \frac{\left[1 - \frac{1}{2}\left(\frac{v_R}{v_T}\right)^2\right]}{\sqrt{1 - \left(\frac{v_R}{v_T}\right)^2}} \,;$$

dies folgt aus (26); mit (18) und (19) ergibt sich

$$\frac{l_2 \, C_2}{k \, C_1} = \frac{1}{2}\left(\frac{v_R}{v_T}\right)^2 - 1$$

$$\curvearrowright \; \bar{\mathfrak{f}} \, s_{\bar{\mathfrak{f}}} = \bar{\mathfrak{f}} \, \Re e \left\{\frac{1}{2} \, k \, C_1 \left(\frac{v_R}{v_T}\right)^2 e^{i(\mathfrak{f} \cdot \mathfrak{r} - \omega t)}\right\}.$$

Der Betrag der Verrückung in Fortpflanzungsrichtung ist:

$$\boxed{s_{\bar{\mathfrak{f}}} = C_1 \, \frac{k}{2} \left(\frac{v_R}{v_T}\right)^2 \cos(\mathfrak{f} \cdot \mathfrak{r} - \omega \, t)} \quad \text{für } z = 0 \,. \tag{28}$$

Analog ergibt sich der Betrag der Verrückung, die in der Vertikalebene durch die Fortpflanzungsrichtung senkrecht zu ihr liegt (SV-Typ).

$$s_{\mathfrak{n}_z} = \Re e \, i \left\{C_2 \, \frac{k}{2} \left(\frac{v_R}{v_T}\right)^2 e^{i(\mathfrak{f} \cdot \mathfrak{r} - \omega t)}\right\},$$

$$\boxed{s_{\mathfrak{n}_z} = - \, C_2 \, \frac{k}{2} \left(\frac{v_R}{v_T}\right)^2 \sin(\mathfrak{f} \cdot \mathfrak{r} - \omega \, t)} \quad \text{für } z = 0 \,. \tag{29}$$

Eine Verrückung in der Horizontalebene durch die Fortpflanzungsrichtung senkrecht zu ihr (SH-Typ) ist nicht vorhanden. Das ging schon aus (25) hervor!

$$\boxed{s_{\mathfrak{n}_\perp} = 0 \,.}$$

Das Bewegungsbild ist eine retrograde Ellipse, die in der Vertikalebene durch die Fortpflanzungsrichtung liegt. Der longitudinale und der transversale Anteil sind gegeneinander um $\frac{\pi}{2}$ phasenverschoben. Ist der Phasenwinkel $\varphi = 0$, so ist der $\cos \varphi$ der longitudinalen Verrückung $= 1$ und der Verrückungsbetrag gleich $C_1 \, \frac{k}{2} \left(\frac{v_R}{v_T}\right)^2$. Das gleiche mit negativen Vorzeichen gilt für den

Winkel $\varphi = \pi$. Für diese beiden Winkel verschwindet der transversale Anteil. Für die Winkel $\frac{\pi}{2}$ und $\frac{3}{2}\pi$ dagegen verschwindet der longitudinale Anteil. Der Verrückungsbetrag in SV-Richtung ist $\mp C_2 \frac{k}{2}\left(\frac{v_R}{v_T}\right)^2$. Die kleine Halbachse der Ellipse liegt dementsprechend in der Fortpflanzungsrichtung und die große Achse senkrecht dazu in der Vertikalebene durch die Fortpflanzungsrichtung (s. Zeichnung).

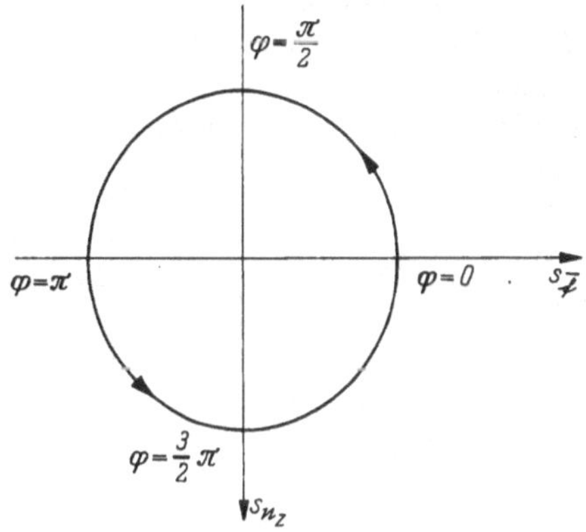

2.4.1.2. Dämpfung der Rayleigh-Welle mit zunehmender Tiefe

Die Dämpfung der Wellenanteile $\mathfrak{S}_1$ und $\mathfrak{S}_2$ wird durch $e^{-l_1 z}$ bzw. $e^{-l_2 z}$ ausgedrückt. Nun ist aber auf Grund von (18) und (19), da $k_1 = k_2 = k$ und $\omega_1 = \omega_2 = \omega$ sind:

$$l_1 = \sqrt{k^2 - \left(\frac{\omega}{v_L}\right)^2} \quad \text{und} \quad l_2 = \sqrt{k^2 - \left(\frac{\omega}{v_T}\right)^2}.$$

Daraus ist zu ersehen, daß

$$l_1 > l_2 .$$

Die Eindringtiefen sind: $\left(\text{mit } \omega = v_R\, k \text{ und } k = \frac{2\pi}{L_R}\right)$ L_r = Wellenlänge der Rayleigh-Welle

$$z_1' = \frac{1}{l_1} = \frac{L_R}{2\pi\sqrt{1 - \left(\frac{v_R}{v_L}\right)^2}}, \tag{30}$$

$$z_2' = \frac{1}{l_2} = \frac{L_R}{2\pi\sqrt{1 - \left(\frac{v_R}{v_T}\right)^2}}. \tag{31}$$

(30) beschreibt die Eindringtiefe des longitudinalen Anteils, welche für eine feste Wellenlänge kleiner ist als die des transversalen Anteils (31).

2.4.2. Love-Wellen

Die Love-Wellen sind Scherwellen, die horizontal polarisiert sind. Man spricht vom SH-Typ, im Gegensatz zum SV-Typ, der z. B. bei der Partikelbewegung der Rayleigh-Wellen auftritt. Die Love-Wellen benötigen für ihre Existenz eine horizontale Schichtung. Sie zeigen immer Dispersion, d. h., verschiedene Perioden laufen mit unterschiedlichen Phasen- und Gruppengeschwindigkeiten. Für die Betrachtung der Ausbreitung einer Love-Welle wählen wir das Koordinatensystem so, daß der Ursprung in der Grenzfläche zwischen Schicht und Halbraum liegt. Die z-Achse zeigt mit der positiven Richtung nach unten und die x-Achse in die Fortpflanzungsrichtung. Die y-Achse steht so mit der positiven Richtung nach vorn senkrecht auf der xz-Ebene (s. Zeichnung).

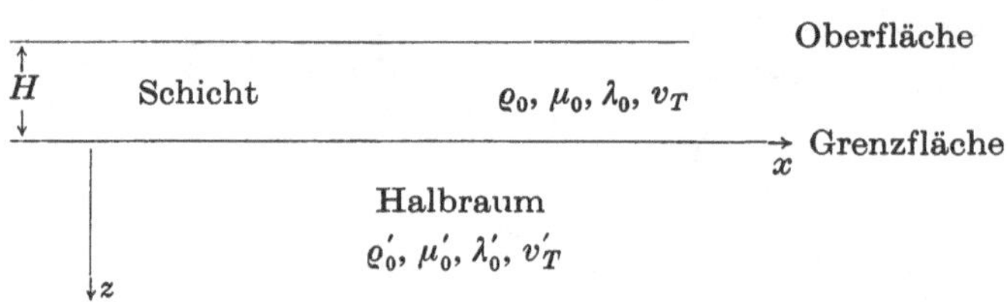

Für die freie Oberfläche gilt $\boxed{z = -H}$.

Im Innern der Schicht, also für $0 \geqq z \geqq -H$, verschwinden die Verrückungskomponenten u (in x-Richtung) und w (in z-Richtung). Die Komponente v (in y-Richtung) muß der Wellendifferentialgleichung (9b) genügen:

$$\nabla^2 v = \frac{1}{v_T^2} \frac{\partial^2 v}{\partial t^2}; \tag{32}$$

v_T ist die Schergeschwindigkeit in der Schicht.

Der Ansatz für v in der Schicht geschieht unter Annahme einer harmonisch-periodischen Welle.

$$v = f(z)\, e^{i(\omega t - k x)}$$

oder

$$v = f(z)\, e^{i\omega\left(t - \frac{x}{c}\right)}, \tag{33}$$

worin c die Phasengeschwindigkeit der Love-Welle ist. Im Halbraum $z \geqq 0$ muß die Verrückung v' ebenfalls die Wellen-DGl. erfüllen:

$$\nabla^2 v' = \frac{1}{v_T'^2} \frac{\partial^2 v'}{\partial t^2};$$

v_T' ist die Schergeschwindigkeit im Halbraum.

Auch hier sind $u = w = 0$, und für v' gilt der Ansatz

$$v' = D\, e^{-m'z}\, e^{i\omega\left(t - \frac{x}{c}\right)}; \tag{34}$$

$e^{-m'z}$ drückt das exponentielle Abklingen der Welle im Halbraum mit wachsendem z aus.

Nun ist

$$m' = \sqrt{k^2 - \left(\frac{\omega}{v'_T}\right)^2} \qquad \text{[vgl. (19)]}$$

oder

$$m'^2 = \frac{\omega}{c}\left(1 - \frac{c}{v'^2_T}\right). \tag{*}$$

Wird nun (33) in (32) eingesetzt, so erhält man:

$$f''(z) + \omega^2\left(\frac{1}{v_T^2} - \frac{1}{c^2}\right)f(z) = 0\,.$$

Das Integral dieser Gleichung hat die Form

$$f(z) = A \cos m\,z + B \sin m\,z$$

mit

$$m^2 = \frac{\omega^2}{c^2}\left(\frac{c^2}{v_T^2} - 1\right). \tag{**}$$

Daraus folgt mit (33)

$$v = (A \cos m\,z + B \sin m\,z)\, e^{i\omega\left(t - \frac{x}{c}\right)}; \tag{35}$$

v' war: $$v' = D\, e^{-m'z}\, e^{i\omega\left(t - \frac{x}{c}\right)}. \tag{34}$$

Anpassen an die Rand- und Grenzflächenbedingungen

1. Die Erdoberfläche sei spannungsfrei, also gilt für $z = -H$:

$$S_{zz} = S_{zx} = 0; \qquad S_{zy} = \mu\,\frac{\partial v}{\partial z} = 0\,.$$

Wird (35) in diese Bedingung eingesetzt, folgt:

$$A \sin m\,H - B \cos m\,H = 0\,.$$

2. Für $z = 0$ müssen die Verrückungen v und v' wegen ihrer Stetigkeit gleich sein:

$$\rightarrow A = D\,.$$

3. Ferner müssen die Spannungen für $z = 0$ stetig sein:

$$\mu\,\frac{\partial v}{\partial z} = \mu'\,\frac{\partial v'}{\partial z} \quad \rightarrow \quad -A\,\mu'\,m' + B\,\mu\,m = 0\,.$$

Damit bleiben zwei Gleichungen zur Bestimmung von A und B.

Lösbarkeitsbedingungen:

$$\mu\, m \sin m H = \mu'\, m' \cos m H\,,$$

$$\operatorname{tg}(m H) = \frac{\mu'\, m'}{\mu\, m}\,.$$

Werden nun die Ausdrücke für m und m' eingesetzt, ergibt sich die Periodengleichung der LOVE-Wellen:

$$\boxed{\operatorname{tg}\left(H\,\frac{\omega}{c}\sqrt{\frac{c^2}{v_T^2}-1}\right) = \frac{\mu'}{\mu}\sqrt{\frac{1-\dfrac{c^2}{v_T'^2}}{\dfrac{c^2}{v_T^2}-1}}\,.} \tag{36}$$

Das ist eine Gleichung für die Phasengeschwindigkeit c als Funktion von der Frequenz ω und damit von der Periode, denn

$$\omega = \frac{2\,\pi}{T}\,.$$

Diskussion

m' muß eine reelle positive Zahl sein, da nur so die Intensität der Welle mit wachsender Tiefe im Halbraum abklingt. Deshalb folgt aus (*):

$$c < v_T'\,.$$

Eine reelle Wurzel von (36) entspricht ferner nur dem Fall $c > v_T$. Daraus folgt, daß die LOVE-Wellen nur entstehen können, wenn die Schergeschwindigkeit im Halbraum größer ist als in der überlagernden Schicht $(v_T' > v_T)$.

Die Geschwindigkeit der LOVE-Welle geht für Wellenlängen, die klein gegen die Schichtdicke sind, gegen die Schergeschwindigkeit der Schicht. Für Wellenlängen jedoch, die groß gegenüber der Schichtdicke sind, nähert sie sich der des Halbraums.

2.4.2.1. Dispersion der LOVE-Wellen

Wie schon an Hand der Gl. (36) festgestellt wurde, hängt die Geschwindigkeit der LOVE-Welle von der Periode bzw. der Wellenlänge ab. Das heißt, die Welle zeigt Dispersion. Für jeden Geschwindigkeitswert gibt es unendlich viele Perioden, deren Werte unterschiedlichen Fortpflanzungsarten entsprechen. Diese Existenz einer unbegrenzten Anzahl von „Moden" folgt aus der Periodizität der Tangensfunktion.

Schreibt man die Verrückung in der Schicht in der Form

$$v = e^{i\,\omega\left(t-\frac{x}{c}\right)}\,[C_1\, e^{i m z} + C_2\, e^{-i m z}]$$

und paßt diese Form der Lösung an die Oberflächenbedingung für $z = -H$ an, so folgt, daß $C_1 = C_2$. Da aber die in (35) benutzten Koeffizienten A und B nur Zusammenfassungen sind, nämlich $A = C_1 + C_2$ und $B = (i\,C_1 - i\,C_2)$, folgt für (35), da $C_1 = C_2 \curvearrowright B = 0$

$$v = A \cos m\,z\,e^{i\omega\left(t - \frac{x}{c}\right)}.$$

Das bedeutet, v ist eine Funktion von x, z_ν und t und verschwindet für

$$z_\nu = \frac{1}{m}\left(\frac{\pi}{2} + \nu\,\pi\right) \quad \text{mit} \quad \nu = 0, 1, 2, 3, \ldots;$$

Knotenflächen existieren, wenn $z_\nu \leqq 0$.

Die Periodengleichung erlaubt es, Dispersionskurven zu konstruieren. Solche Kurven gibt es unzählig viele, und jede Kurve entspricht einer bestimmten Anzahl von Knotenflächen in der Schicht. Von diesen Dispersionskurven, auch „Moden" genannt, sind in der Seismologie neben der Grundmode ($\nu = 0$) die beiden nächsten höheren Moden von Bedeutung. Diese heißen zweite und dritte Love-Mode. Ihre Grenzgeschwindigkeiten für $T \to 0$ gehen gegen die Schergeschwindigkeit v_T der Schicht. Handelt es sich um einen mehrschichtigen Aufbau, so geht ebenfalls die Gruppengeschwindigkeit aller Moden für $T \to 0$ gegen die Schergeschwindigkeit der obersten Schicht. Für die Grundmode, für welche die Zahl der möglichen Perioden unendlich groß ist, geht die Geschwindigkeit für $T \to \infty$ gegen den Wert der Schergeschwindigkeit im Halbraum. Bei den höheren Moden ist das auch bei Annäherung an die langperiodische Grenzperiode der Fall. Diese Grenzperiode rückt um so mehr zum Kurzperiodischen hin, je höher die Mode ist. Die kurzperiodische Grenzperiode ist

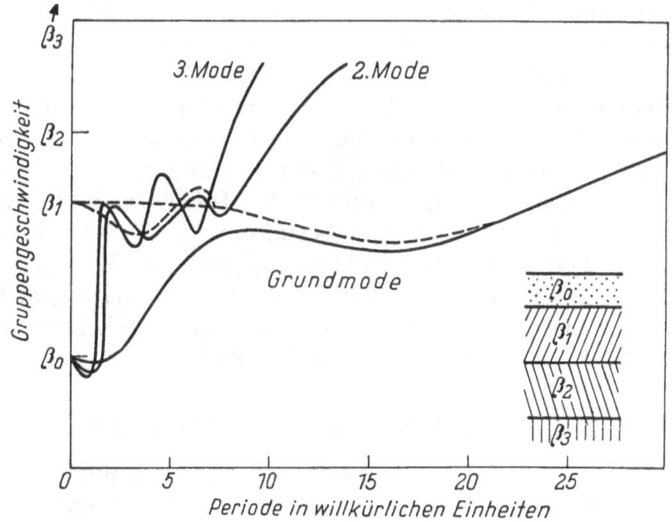

Abb. 1. Kontinentale Love-Wellen-Dispersion (nach [6]). β ist hier die Schergeschwindigkeit

für alle Moden $T = 0$. Dieser ebengenannte Sachverhalt ist auch aus Abb. 1 zu entnehmen.

Auf Abb. 1 ist für ein dreischichtiges Modell die Gruppengeschwindigkeit der LOVE-Wellen in Abhängigkeit von der Periode dargestellt. $\beta_0 - \beta_3$ sind die Schergeschwindigkeiten in den Schichten bzw. im Halbraum. Bei Fehlen der obersten Sedimentschicht (mit β_0) gilt die gestrichelte Kurve. Diese zeigt an, daß in diesem Fall die Gruppengeschwindigkeit gegen β_1 geht. Auf Abb. 2

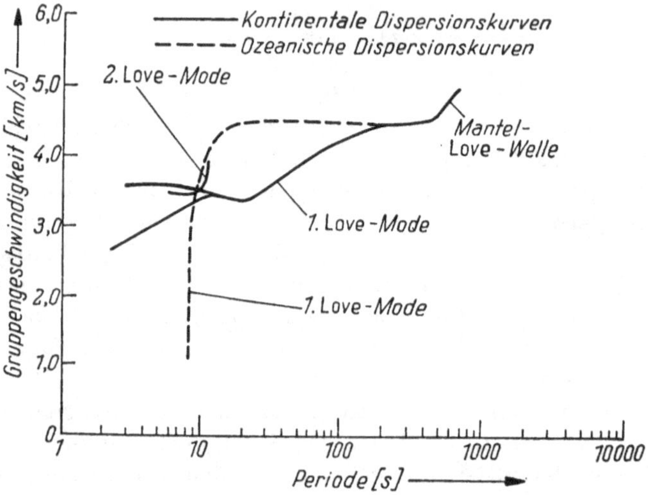

Abb. 2. LOVE-Wellen-Dispersion (nach EWING [9])

sind Gruppengeschwindigkeits-Dispersionskurven der LOVE-Wellen nach Beobachtungen von M. EWING dargestellt [9]. Der kurzperiodische Ast der ozeanischen Kurve verläuft viel steiler als der der kontinentalen, was auf die geringeren Schergeschwindigkeiten in den lockeren Sedimenten der ozeanischen Kruste zurückgeführt werden kann. Im Bereich zwischen 10 und 150 Sekunden liegt die ozeanische Kurve auf Grund der höheren Geschwindigkeit in der ozeanischen Schicht höher als die kontinentale. Diese wird in diesem Periodenbereich auch von der „Granitschicht" beeinflußt, deren Schergeschwindigkeit geringer ist. Für Perioden > 150 Sekunden zeigen beide Kurven keine Unterschiede mehr, da die Wellenlängen bis in den Mantel eindringen, für welchen keine Unterschiede in den elastischen Eigenschaften zwischen ozeanischen und kontinentalen Gebieten nachgewiesen wurden [69].

2.4.3. Dispersion der RAYLEIGH-Wellen

Gl. (27) des Abs. 2.4.1. ist das Ergebnis der Untersuchung der Ausbreitung einer ebenen Welle im homogenen, isotropen, kräftefreien und vollelastischen Halbraum. Es ist aus der Gleichung zu entnehmen, daß unter diesen Voraussetzungen die RAYLEIGH-Welle keine Dispersion zeigt. Auf den Seismogrammen aber ist bei der Auswertung deutlich festzustellen, daß eine Abhängigkeit der Gruppengeschwindigkeit von der Periode vorhanden ist. Die Welle zeigt also Dispersion. In Wirklichkeit breitet sich die RAYLEIGH-Welle ja auch nicht in einem homogenen, ungeschichteten Medium aus. Berücksichtigt man deshalb z. B. schon eine homogene Schicht über dem Halbraum, so ist in der sich aus den Berechnungen ergebenden Periodengleichung schon eine Abhängigkeit der Phasengeschwindigkeit von der Periode zu erkennen. Allein die Annahme einer zusätzlichen Schicht über dem Halbraum erweitert den Umfang der Berechnungen dermaßen, daß es über den Rahmen dieser Arbeit hinausginge, die Periodengleichung Schritt für Schritt herzuleiten. Das Prinzip der Herleitung ist das gleiche wie in Abs. 2.4.1., jedoch kommen noch die Grenzflächenbedingungen hinzu. Diese Rechnung ist z. B. bei EWING u. a. [72]; EWING, PRESS [23] nachzulesen.

J. OLIVER u. a. [96] geben die Periodengleichung der RAYLEIGH-Wellen für ein Modell an, das aus einer Flüssigkeitsschicht, die über dem Halbraum liegt, besteht:

$$\tan\left(k_n H \sqrt{\frac{v_{Rn}^2}{v_{L_1}^2} - 1}\right) = \frac{\varrho_2 v_{T_2}^4 \sqrt{\dfrac{v_{Rn}^2}{v_{L_1}^2} - 1}}{\varrho_1 v_{Rn}^4 \sqrt{1 - \dfrac{v_{Rn}^2}{v_{L_2}^2}}} \left[4 \sqrt{\frac{(1 - v_{Rn}^2)}{v_{L_2}^2 v_{T_2}^2}} - \left(2 - \frac{v_{Rn}^2}{v_{T_2}^2}\right)^2\right].$$

Darin bedeuten:

v_{L_1} — longitudinale Geschwindigkeit in der Flüssigkeit;
v_{L_2} = longitudinale Geschwindigkeit im Halbraum;
v_{T_2} = Schergeschwindigkeit im Halbraum;
H = Schichtdicke;
k = Wellenzahl;
ϱ = Dichte;
v_R = Phasengeschwindigkeit der RAYLEIGH-Welle.

Die Indizes 1 und 2 weisen auf die Schicht bzw. den Halbraum hin, und n gibt die Zahl der „Mode“ an.

Die RAYLEIGH-Wellen haben genau wie die LOVE-Wellen eine unbegrenzte Anzahl von „Moden“, also $n = 1, 2, \ldots, \infty$.

Die „Mode“ für $n = 1$ ist die RAYLEIGH-Grundmode, sie entspricht etwa der 1. LOVE-Mode der LOVE-Wellen. Jedoch geht die Dispersionskurve der RAYLEIGH-Grundmode für unendlich große Perioden gegen die Phasengeschwindigkeit der RAYLEIGH-Wellen im Halbraum und nicht wie bei der 1. LOVE-Mode gegen die Schergeschwindigkeit im Halbraum. Für unendlich kleine Perioden nähert sich die Kurve dem Wert der RAYLEIGH-Wellen-Geschwindigkeit in der obersten Schicht.

Die höheren „Moden" der RAYLEIGH-Wellen, also für $n = 2, 3, \ldots$, verhalten sich wie die „Moden" der LOVE-Wellen, indem sie sich zur kurzperiodischen Grenze hin allmählich der Schergeschwindigkeit der obersten Schicht nähern. Zur langperiodischen hin haben die „höheren Moden" der RAYLEIGH-Wellen genau wie die der LOVE-Wellen eine Grenzperiode, die, je höher die „Mode" ist, immer mehr zu kürzeren Perioden rückt. Die Grenzgeschwindigkeit für die langperiodische Grenzperiode ist für alle „höheren Moden" der RAYLEIGH-Wellen die Schergeschwindigkeit im Halbraum. Aus diesem Grund werden auch diese „Moden" als erste, zweite usw. „Schermoden" bezeichnet.

W. S. JARDETZKY und F. PRESS [95] leiten mit Hilfe von Rechenschritten, die in [101] und [103] angegeben sind, die Periodengleichung für ein zweischichtiges Modell her. Die Schichtdicken sind gleich groß, aber die Lösung gestattet sehr einfach eine Verallgemeinerung für unterschiedliche Schichtmächtigkeiten. Für ein dreischichtiges Modell leitet N. HASKELL [105] die Gleichungen zur Berechnung der RAYLEIGH-Wellen-Dispersion in Matrixform her.

Die numerische Auswertung des Zusammenhangs zwischen Phasengeschwindigkeit und Wellenlänge in einem geschichteten Medium führt auf die Lösung einer mehrreihigen Determinante, deren Reihenzahl der Anzahl der zu erfüllenden Rand- und Grenzflächenbedingungen entspricht. Wesentlich besser jedoch eignet sich dafür eine Darstellung in Matrizenform, die auf THOMSON [106] und HASKELL [107] zurückgeht. Dabei wird der verallgemeinerte Bewegungs-Spannungs-Vektor auf der einen Seite der Schicht mit dem entsprechenden Vektor auf der anderen Seite derselben betrachteten elastischen Schicht in Zusammenhang gebracht.

$$\left(\frac{\dot{u}_m}{v_R}, \frac{\dot{w}_m}{v_R}, \sigma_m, \tau_m\right) = [L_m]\left(\frac{\dot{u}_{m-1}}{v_R}, \frac{\dot{w}_{m-1}}{v_R}, \sigma_{m-1}, \tau_{m-1}\right). \tag{37}$$

In dieser linearen Beziehung sind $\dot{u}_m$ und $\dot{w}_m$ die horizontalen und vertikalen Partikelgeschwindigkeiten. Die Phasengeschwindigkeit ist v_R, die Normalspannung σ_m und die Tangentialspannung τ_m, welche in der Wellenfortpflanzungsrichtung liegt. Die Matrix $L\,m$ ist eine Funktion des Schichtindex m, d. h., ihre Elemente hängen von der Phasengeschwindigkeit v_R, der Periode T, der Schichtdicke H und den elastischen Konstanten der Schicht ab. Durch wiederholte Anwendung von (37) und Matrizenmultiplikation können die Randbedingungen in einem Schichtpaket mit beliebig vielen Schichten erfüllt werden. Die Matrizen lassen sich mit Hilfe eines geeigneten Rechenprogramms für eine Digitalrechenmaschine berechnen. Daraus folgt dann sofort die gesuchte Abhängigkeit der Phasengeschwindigkeit v von der Periode T [5].

Abb. 3 stellt eine Zusammenfassung der Beobachtungen der RAYLEIGH-Wellen-Dispersion von M. EWING dar. Der Verlauf der kontinentalen Kurve unterscheidet sich auch hier wesentlich von dem der ozeanischen. Das Minimum der Gruppengeschwindigkeit bei $T = 20$ s der kontinentalen Kurve wird von dem Geschwindigkeitssprung an der MOHOROVIČIĆ-Diskontinuität hervorgerufen. Ihre höhere Lage unter den Ozeanen bedingt die größeren Gruppen-

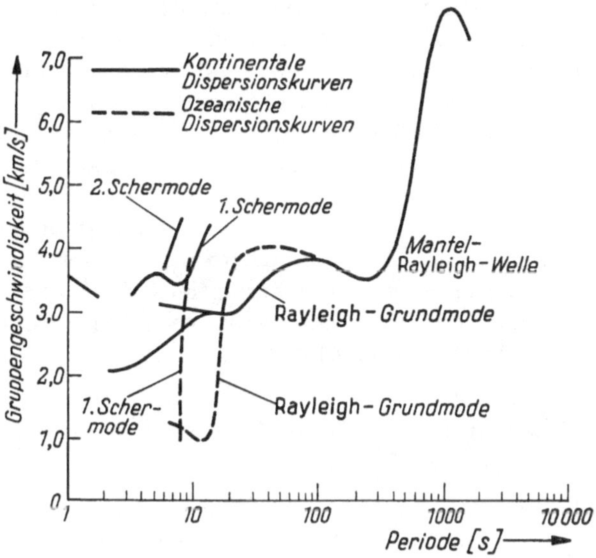

Abb. 3. RAYLEIGH-Wellen-Dispersion nach Beobachtungen von EWING (nach OLIVER [9])

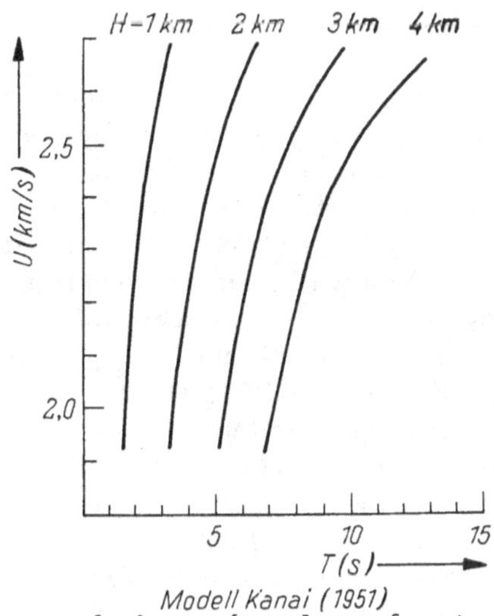

Abb. 4. Einfluß der Sedimentmächtigkeit auf die Dispersionskurven der RAYLEIGH-Wellen (nach KANAI [8])

geschwindigkeiten für ozeanische Wellenwege [104]. Für Perioden unter 15 s wird die Wirkung der Sedimentschicht sichtbar. Beim Fehlen dieser Schicht verläuft die Kurve weiter annähernd horizontal, d. h., sie nähert sich für sehr kleine Perioden der RAYLEIGH-Geschwindigkeit der 1. Schicht (Grundmode). Ist eine Sedimentschicht vorhanden, so ist diese Grenzgeschwindigkeit die RAYLEIGH-Geschwindigkeit in der Sedimentschicht. Da die RAYLEIGH-Wellen-Geschwindigkeit in der Sedimentlage aber kleiner ist als die in der ersten unterlagernden Schicht, folgt, daß sich das Vorhandensein einer Sedimentschicht durch einen steileren Abfall der Kurve zu kürzeren Perioden hin ausdrückt. Je steiler die Kurve ist, um so geringer ist die Sedimentgeschwindigkeit. Je mächtiger die Sedimentschicht ist, um so weiter rückt dieser Kurvenast zu größeren Perioden hin (Abb. 4).

2.4.4. Abschließende Bemerkungen zur Dispersion der Oberflächenwellen

Der Verlauf der Dispersionskurven ist abhängig von den elastischen Eigenschaften (Schergeschwindigkeit, Dichte und Righeit) und der Mächtigkeit der einzelnen Schichten sowie der Gesamtkrustendicke. So sind also aus der Dispersion der Erdbeben-Oberflächenwellen Aussagen über die Eigenschaften des Untergrundes zu machen. Diese sind aber auf Grund der vielen Parameter nicht eindeutig. Je nachdem, welcher Periodenbereich zur Auswertung zur Verfügung steht, beziehen sich diese Aussagen auf die Erdkruste oder den Erdmantel. Für Perioden über 30 s wird bereits der obere Teil des Erdmantels erfaßt.

Die Dispersionskurven zeigen Maxima, wenn mehr als eine Schicht über dem Halbraum vorhanden ist. Die Größe dieser Maxima hängt wiederum von der Schergeschwindigkeit der Zwischenschichten ab.

Eine Zunahme der Schichtmächtigkeit spiegelt sich bei den Dispersionskurven in einer Verschiebung zu größeren Perioden wider. Damit liegen die Kurven gleichzeitig tiefer. Nun wird aber eine tiefere Lage eines Kurvenastes auch durch die Verringerung der Schergeschwindigkeit in der betreffenden Schicht hervorgerufen. Hierin kommt zum Beispiel die Mehrdeutigkeit der Aussage zum Ausdruck. Ein anderes Beispiel: Der kurzperiodische Kurvenast verlaufe sehr flach bei einer bestimmten Schichtdicke. Die kurzperiodische Grenzgeschwindigkeit ist die Schergeschwindigkeit dieser Schicht (LOVE-Welle). Wie oben erläutert, wird ein flacher Kurvenverlauf durch eine höhere Schergeschwindigkeit in der Schicht hervorgerufen. Aber ebenso wird eine Kurve verflacht, wenn die Schergeschwindigkeit in der Schicht klein ist und die Kurve auf Grund einer größeren Schichtmächtigkeit zu höheren Perioden verschoben wird.

Um mit Hilfe von kurzperiodischen Registrierungen auch Aussagen über tiefere Schichten machen zu können, ist es zweckmäßig, die „höheren Moden" mit zu betrachten. Für kontinentale Wellenwege ist das fast immer möglich.

Bei ozeanischen Wellenwegen dagegen sind sie nur selten zu erfassen. Das war auch ein Grund dafür, daß lange Zeit angenommen wurde, sie existierten gar nicht. Jedoch bei der genaueren Untersuchung sehr kurzperiodischer Registrierungen wurden sie auch hier wahrgenommen und beschrieben [102].

3. Untersuchungsmethoden

Um die Punkte für die empirische Dispersionskurve zu ermitteln, werden auf den Seismogrammen die Perioden der RAYLEIGH- bzw. LOVE-Wellen ausgemessen, und zu jeder ausgemessenen Periode wird die dazugehörige Geschwindigkeit bestimmt. Dann werden die so erhaltenen Werte in ein Koordinatensystem eingetragen, wobei die Perioden in Richtung der Abszisse vom Ursprung aus zu nehmen sind und die Geschwindigkeit in Richtung der Ordinate. Die so erhaltenen Dispersionskurven geben Aufschluß über den Aufbau der Erdkruste entlang dem Wellenweg vom Epizentrum zur Station.

Für eine Anzahl von Erdkrustenmodellen wurden bereits mit Hilfe von Rechenautomaten Dispersionskurven berechnet. Nun werden die oben genannten empirischen Dispersionswerte mit diesen theoretischen verglichen. Die Abweichung der empirischen Kurvenpunkte von denen der theoretischen Vergleichskurven gibt dann die Unterschiede an, die zwischen dem Vergleichsmodell und dem wirklichen Aufbau der Erdkruste existieren können. Der mathematische Aufwand ist so groß, daß bei Mehrschichtenmodellen die Variierung der Schichtparameter auch nur mit Rechenautomaten durchgeführt werden kann. Dann können die Schichtparameter (Longitudinalwellen-, Transversalwellengeschwindigkeit, Dichte, Schichtdicke, POISSONsches Verhältnis) so oft variiert werden, bis die theoretische Kurve in die empirischen Werte hineinpaßt. Die Aussage ist aber auch dann nicht eindeutig. Um die Anzahl der möglichen Fälle einzuschränken, nimmt man die höheren Moden zu Hilfe. Besondere Bedeutung kommt ihnen bei kurzperiodischen Registrierungen zu, denn die Grundmode liefert dann nur Aussagen über die Sedimentschicht.

In den meisten Fällen werden zwei Methoden für die Dispersionsuntersuchungen angewandt. Es sind dies die Gruppengeschwindigkeits- und die Phasengeschwindigkeitsmethode.

3.1. Die Gruppengeschwindigkeitsmethode

Für die Anwendung dieser Methode genügen die Aufzeichnungen einer Station. Bekannt sein müssen die Epizentralentfernung und die Laufzeiten. Daraus werden die Gruppengeschwindigkeiten bestimmt. Man muß also Herdlage und Herdzeit genau kennen. Dann kann man für die Bestimmung der empirischen Dispersionskurvenpunkte wiederum nach zwei Arten verfahren.

a) Vom Einsatz der Hauptphase an wird jede Periode ausgemessen (Berücksichtigung der Registriergeschwindigkeit) und die dazugehörige Laufzeit bestimmt. Die Division der Epizentraldistanz durch die zu jeder ausgemessenen Periode gehörende Laufzeit (in Sekunden) ergibt die zu dieser Periode gehörige Gruppengeschwindigkeit. Dann trägt man die Punkte in einer graphischen Darstellung auf, die die Gruppengeschwindigkeiten den Perioden zuordnet.

b) Die andere Möglichkeit besteht darin, daß die Maxima der Hauptphase laufend durchnumeriert und dann in einer graphischen Darstellung mit den Ankunftszeiten verknüpft werden. Wird nun in einem Punkt der so erhaltenen Kurve die Tangente gezogen, so gibt der Richtungsfaktor der Tangente in diesem Punkt annähernd die Periode an (Richtungsfaktor = Differenz der Ankunftszeiten der Maxima geteilt durch deren Anzahl in diesem Zeitintervall).

Die Gruppengeschwindigkeit zu dieser Periode errechnet sich aus dem Verhältnis der Epizentralentfernung zur Ordinate des Berührungspunktes (Laufzeit). Diese Methode wird in der Literatur als „Peak and through method" bezeichnet [7].

Zur Berechnung der empirischen Dispersionskurvenpunkte in dieser Arbeit wurde die unter a) angeführte Methode benutzt.

3.2. Die Phasengeschwindigkeitsmethode

Die Gruppengeschwindigkeitsmethode liefert Aussagen über den mittleren Aufbau der Erdkruste entlang dem gesamten Wellenweg. Die Messung der Phasengeschwindigkeit der Oberflächenwellen zwischen benachbarten Stationen erlaubt Aussagen über die Beschaffenheit der Kruste in diesen regional begrenzten Gebieten. Voraussetzung für diese Messungen ist ein geeignetes Stationsnetz von mindestens drei Stationen, die mit Seismographen übereinstimmender dynamischer Eigenschaften ausgerüstet sind und die über einen zuverlässigen Zeitdienst verfügen [5]. Nur die Erfüllung dieser Bedingungen gewährleistet, daß Irrtümer bei der Phasenkorrelation ausgeschlossen werden. Im Falle einer harmonischen Bodenbewegung versteht man unter Phasengeschwindigkeit die Geschwindigkeit, mit der eine bestimmte Schwingphase, z. B. ein Maximum, fortschreitet; sie ist:

$$v_\omega = \frac{\Delta_2 - \Delta_1}{t_2 - t_1},$$

wenn Δ_1 und Δ_2 die Epizentralentfernungen und t_1 und t_2 die Ankunftszeiten der bestimmten Schwingphase bei den Stationen 1 bzw. 2 sind.

Bei zeitlich begrenzten Wellenzügen erhält man für jede Frequenz ω mit Hilfe einer harmonischen Analyse des Seismogramms aus dem Verhältnis der Sinus- und Cosinuskoeffizienten einen bestimmten Phasenwinkel φ, dessen Größe von der Epizentraldistanz abhängt. Für zwei Stationen bildet man die Differenz dieser Phasenwinkel und bekommt so

$$v_\omega = \frac{\omega\,(\Delta_2 - \Delta_1)}{\varphi_2 - \varphi_1 + 2\,n\,\pi}\,.$$

Aus dem $2\,n\,\pi$ geht die Mehrdeutigkeit der Phasendifferenz hervor. Um diese Fehlerquelle auszuschalten, wählt man den Stationsabstand kleiner als eine Wellenlänge.

Da die Stationen nicht auf dem gleichen Wellenstrahl liegen, ist die gemessene Scheingeschwindigkeit mit dem Cosinus des Winkels zwischen Wellenstrahl und Stationsverbindungslinie zu multiplizieren. Für eine genaue Festlegung des Wellenazimuts sind jedoch drei Stationen erforderlich.

4. Auswahl der zu untersuchenden Erdbeben

In der vorliegenden Arbeit sollen mit Hilfe der Dispersionserscheinung der Rayleigh- bzw. der Love-Wellen, die durch den ozeanischen Teil der Erdkruste gelaufen sind, Aussagen über Aufbau und Mächtigkeit der ozeanischen Kruste gemacht werden. Daraus folgt der erste Gesichtspunkt für die Auswahl der zu untersuchenden Beben:

a) Der ozeanische Anteil des Wellenweges muß größer sein als der kontinentale. Der größte ozeanische Anteil in den Auswertungen beträgt 90%, der kleinste 48%. Diskussionen dazu werden für jeden Fall einzeln durchgeführt (s. Abs. 8).

Ein weiterer Grund für eine bestimmte Auswahl der untersuchten Beben ergibt sich aus der Partikelbewegung der Rayleigh- bzw. Love-Wellen.

Die Partikelbewegung der Wellen vom Rayleigh-Typ ist retrograd-elliptisch. Diese Wellenschwingungen entstehen durch die Überlagerung der longitudinalen Wellen mit der transversalen Welle vom SV-Typ bei ihrer Bewegung entlang der Grenzfläche. Das Verhältnis der horizontalen zur vertikalen Achse der Schwingungsellipse beträgt 0,68 [1]. Daraus folgt, daß die SV-Schwingung überwiegt, und diese Schwingung ist es, die in der Vertikalkomponente der Seismographen aufgezeichnet wird. Die andere Schwingung der Partikeln, die in die Fortpflanzungsrichtung zeigt, wird durch die anderen Aufzeichnungskomponenten der Seismographen (EW- bzw. NS-Komponente) erfaßt.

Die Love-Welle hat transversal-horizontale Teilchenbewegungen (SH-Typ) und wird deshalb nur von den EW- und NS-Komponenten der Seismographen registriert. Die Schwingungen sind senkrecht-horizontal zur Fortpflanzungsrichtung und werden daher nicht von den Vertikalkomponenten der Seismographen aufgezeichnet.

Schlußfolgerungen aus diesen Tatsachen sind:

Die Rayleigh-Welle kann immer auf der Vertikalkomponente der Seismogramme ausgewertet werden, unabhängig von dem Azimut des Bebenherdes

Abb. 5. NS-Komponente (Wiechert 1200 kg); LOVE-Wellen-Registrierung Antillen 29. 7. 1943; $H = 03^h\,02^m\,14^s$

Abb. 6. EW-Komponente (Wiechert 1200 kg); RAYLEIGH-Wellen-Registrierung Antillen 29. 7. 1943; $H = 03^h\,02^m\,14^s$

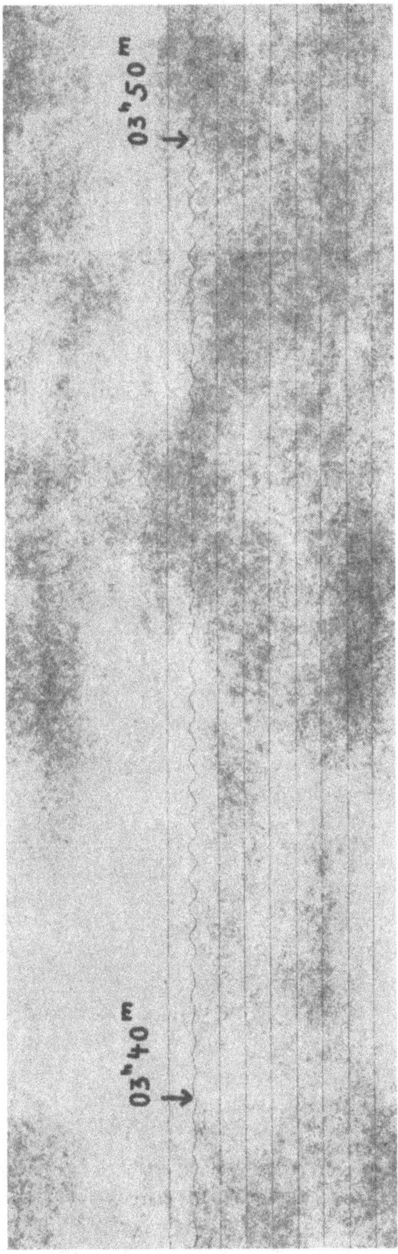

Abb. 7. z-Komponente (1300-kg-Vertikalpendel); Rayleigh-Wellen-Registrierung
Antillen 29. 7. 1943; $H = 03^h\ 02^m\ 14^s$

zur Registrierstation (Abb. 7). Der restliche Anteil der RAYLEIGH-Wellen-Partikelbewegung, der longitudinal in Ausbreitungsrichtung schwingt, sowie die horizontal senkrecht zur Fortpflanzungsrichtung schwingenden Partikeln der LOVE-Wellen erscheinen auf der NS- und EW-Komponente der Seismogramme als Mischung von RAYLEIGH- und LOVE-Wellen. Das führt bei der Auswertung zu Schwierigkeiten und stellt außerdem eine Fehlerquelle für die Dispersionsuntersuchungen dar.

Reine RAYLEIGH- bzw. LOVE-Wellen werden auf den einzelnen Horizontalkomponenten registriert, wenn das Azimut des Herdes zur Station N, S, E oder W ist. In den letzten beiden Fällen wird die RAYLEIGH-Welle von der EW-Komponente des Horizontalpendels und die LOVE-Welle von der NS-Komponente registriert (Abb. 5 und 6).

Für die Lage des Herdes im Nord- oder Südazimut zur Station ist es umgekehrt. Daraus ergibt sich der zweite Gesichtspunkt für die Auswahl der Beben:

b) Das Azimut des Herdes zur Registrierstation soll möglichst E, W, N oder S sein.

Für diese Arbeit wurde das Westazimut gewählt. Jena ist die Registrierstation. In Verbindung mit dem Punkt a) dieses Absatzes (einem möglichst großen ozeanischen Anteil am Wellenweg) kommen Erdbeben für die Auswertung in Frage, die im Raum des Karibischen Meeres stattfanden. Eine Abweichung des Herdes vom Westazimut von $\pm 30°$ ist noch statthaft, damit eine weitgehende Trennung von RAYLEIGH- und LOVE-Wellen auf den Registrierstreifen gewährleistet ist. Auf der EW-Komponente erscheinen die RAYLEIGH- und auf der NS-Komponente die LOVE-Wellen.

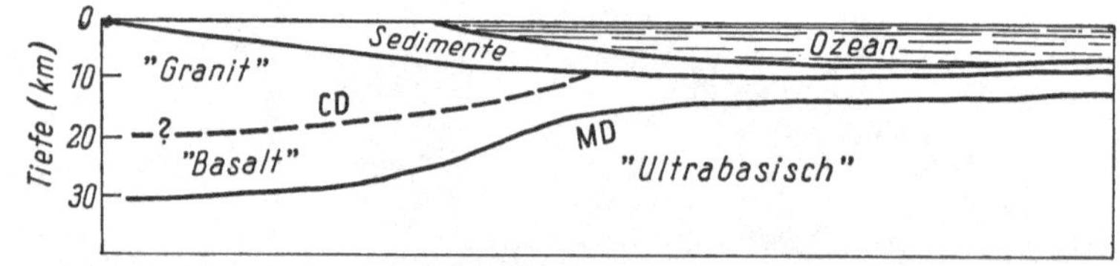

Abb. 8. Übergang kontinentale Kruste/ozeanische Kruste (nach GUTENBERG [24])

Weitere Punkte für eine richtige Auswahl der Beben sind:

c) Eine möglichst geringe Herdtiefe.

d) Die Stärke des Bebens muß so groß sein, daß eine Auswertung der Hauptphase an Hand der registrierten Wellenzüge gut möglich ist. Das bedeutet, daß die Amplitude der wahren Bodenbewegung für das erste registrierte Maximum der Hauptphase in der EW-Richtung mindestens 5,5 μm, in der NS-Richtung 2,5 μm und in der z-Richtung 20 μm betragen muß.

5. Durchführung der praktischen Arbeiten

5.1. Bemerkungen zur Registrierung

Auf der NS- und EW-Komponente wurden die Registrierungen des Wiechert-(1200-kg-Horizontalpendel) und auf der z-Komponente die des 1300-kg-Vertikalpendels ausgewertet. Die Registriergeschwindigkeit beider Seismographen ist 15 mm/min. Die Konstanten der Instrumente sind aus den Bulletins der seismischen Registrierungen der Station Jena für die entsprechenden Jahre zu entnehmen. Es sind dies: die Eigenperiode der Pendel, die Indikatorvergrößerungen, die Reibung und die Dämpfung.

5.2. Auswertungsmethode

Nach den unter 4. erläuterten Gesichtspunkten wurden aus den Bulletins der Registrierstation Jena Erdbeben ausgewählt, die für die Untersuchung der Dispersion der Oberflächenwellen, die sich im ozeanischen Teil der Erdkruste ausgebreitet haben, geeignet sind. Die Herdzeit, Herdkoordinaten und Epizentraldistanzen dieser Beben wurden aus dem I. S. S. oder dem USCGS entnommen.

Auf der EW-Komponente und der z-Komponente der Seismogramme wurden nun die Perioden der Rayleigh-Wellen und auf der NS-Komponente die der Love-Wellen fortlaufend vom Einsatz an ausgemessen. Dabei mußte oben erwähnte Durchlaufsgeschwindigkeit der Registrierstreifen berücksichtigt werden. Zu jeder Periode wurde die dazugehörige Ankunftszeit aufgeschrieben und aus ihr und der bekannten Herdzeit die Laufzeit ermittelt. (Vorsicht: Auf den Seismogrammen steht MEZ, aber die Herdzeit ist in WZ angegeben!) Die Epizentraldistanz (in km) durch die Laufzeit (in s) dividiert ergab dann die Gruppengeschwindigkeit (km/s) für jede Periode. Diese Punkte ergaben die empirischen Dispersionskurven, aus deren Vergleich dann mit schon berechneten Kurven Aussagen über den Aufbau der Erdkruste entlang dem untersuchten Wellenweg gemacht werden können.

6. Das Erdkrustenmodell

6.1. Allgemeines zum Aufbau der Erdkruste

Der äußerste Teil der Gesamterde, der bis an den den Kern umgebenden Erdmantel heranreicht, wird als Erdkruste bezeichnet. Die Grenze zwischen Kruste und Mantel ist die Mohorovičić-Diskontinuität, die in einer Tiefe von durchschnittlich 30 bis 50 km eine Unstetigkeitsfläche für die Zunahme der Dichten und der transversalen und longitudinalen Wellengeschwindigkeiten darstellt. Will man die Erdkruste weiter unterteilen, so kann man dabei nach zwei Gesichtspunkten verfahren. Einmal unterteilt man nach geologischen (stofflichen) Merkmalen, oder die physikalischen Eigenschaften wie Wellengeschwindigkeit und Dichte sind kennzeichnend für eine Schicht.

Die oberste Zone der Erdkruste besteht zum größten Teil aus Eruptivgesteinen und ist von einer dünnen Schicht von Sedimenten überlagert. Diese Zone besteht vorwiegend aus sauren SiO_2-reichen granitähnlichen Gesteinen. Die Wellengeschwindigkeiten entsprechen auch denen des Granits. Deshalb wird in der Seismologie auch von einer „Granitschicht" gesprochen, obwohl die stofflichen Bestandteile nicht ausnahmslos Granite sind. Die Ausbreitungsgeschwindigkeit der longitudinalen elastischen Wellen ist ungefähr 5,5 km/s. Die durchschnittliche Dichte beträgt 2,7 g/cm³. Ihre Mächtigkeit schwankt zwischen 15 und 30 km [19]. Die Granitschicht umschließt nicht konzentrisch die gesamte Erdkugel, sondern kann unter Ozeanen in Gebieten großer Tiefe aussetzen [19]. Unter der Granitschicht liegt eine Schicht mit longitudinaler Wellengeschwindigkeit von 6,3 bis 6,5 km/s. Sie entspricht in ihrer Zusammensetzung den basischen Magmagesteinen Gabbro und Basalt. Eine Schicht in dieser Zone ist also die „Basaltschicht", die 15 bis 40 km mächtig werden kann [19]. Die Dichte beträgt ungefähr 2,9 g/cm³. Die untere Grenze dieser Schicht bildet die MOHOROVIČIĆ-Diskontinuität. Die nächsttiefere Zone wird als „ultrabasische" oder Peridotitschicht bezeichnet, da ihre Zusammensetzung der des Tiefengesteins Peridotit entspricht. Diese Zone gehört nach BULLEN [20] schon zu dem Teil B des Mantels. Die longitudinale Wellengeschwindigkeit ist ungefähr 8,0 km/s, und die Dichte beträgt 3,3 g/cm³ [19].

6.1.1. Die kontinentale Erdkruste

Der Untergrund der kontinentalen Gebiete der Erde ist im Prinzip so aufgebaut, wie es im vorhergehenden Abschnitt erläutert wurde. Das besondere Kennzeichen des kontinentalen Krustentyps ist das Vorhandensein der „Granitschicht", deren Mächtigkeit aber zwischen 10 und 35 km schwankt.

Im Jahre 1925 erkannte der österreichische Geophysiker CONRAD [21] bei der Untersuchung der Registrierungen eines Bebens in den Ostalpen eine bisher nicht beobachtete longitudinale Wellenphase P*. Die entsprechende transversale Phase S* konnte später auch festgestellt werden. Diese Wellen konnten nur durch Reflektion an einer Grenzfläche in einer bestimmten Entfernung registriert werden. Dies wies auf die Existenz von wenigstens einer Diskontinuität hin, die zwischen der Unterkante der Sedimentmassen und der schon damals auf eine ähnliche Weise von A. MOHOROVIČIĆ [22] festgestellten Grenzfläche liegen müßte. Diese CONRAD-Diskontinuität ist in vielen kontinentalen Gebieten die untere Begrenzung der Granitschicht. Die untere Grenze der dann folgenden „Basalt"- oder „Gabbro"-Schicht ist die MOHOROVIČIĆ-Diskontinuität, die gleichzeitig eine Trennfläche zwischen Kruste und Mantel darstellt. Für die meisten kontinentalen Gebiete vergrößert sich die Tiefe der MOHOROVIČIĆ-Diskontinuität mit wachsendem Abstand von der Ozeanküste, und unter Gebirgen mit sehr hohen Erhebungen erreicht sie Tiefen von mehr als 50 km. Mit Hilfe von großen Sprengungen kann man zu detaillierteren Angaben über dünnere Schichten in der Erdkruste kommen. Das Ergebnis z. B. der Sprengungen in Korkino (Ural) ist in Tab. 2 zusammengestellt [1].

Tabelle 2

Ergebnis der Messungen anläßlich der Sprengungen in Korkino

Mächtigkeit der Schicht in km	Fortpflanzungsgeschwindigkeit der Longitudinalwellen in km/s
1,0 (Alluvium)	—
1,1	5,3
0,6	5,5
3,0	5,7
4,6	5,8
8,6	6,1
9,3	6,1
2,5	7,3
10,5	7,6
Gesteine, die tiefer lagern als 40 km	8,0

Nimmt man hier die vier Schichten unter dem Alluvium zusammen, so kommt man zu einer Schicht mit einer Mächtigkeit von ungefähr 10 km mit einer mittleren Longitudinalgeschwindigkeit von 5,7 km/s. Diese Schicht paßt

Tabelle 3

„Granit-schicht“ km/s		CD km	„Gabbro-schicht“ km/s		MD km	„Mantel“ km/s		Gebiet	Lit.
v_L	v_T		v_L	v_T		v_L	v_T		
				Europa					
6,0	3,7	14	6,6	3,9	27	8,2	—	NW-Deutschland	[25]
6,0	3,4	20	6,6	3,7	31	8,2	4,8	Monts Forez	[25]
5,9	3,4	20	6,5	3,7	30	8,2	4,4	Monts Forez	[26]
—	—	—	—	—	30	—	—	Champagne	[27]
—	—	17	—	—	37	—	—	Rochelle (Rhône)	[28]
5,6	3,3	15	6,4	3,7	30	8,1	4,7	SW-Deutschland	[29]
—	—	20	—	—	28	—	—	Ulm (WD)	[30]
6,1	3,5	25	6,7	—	—	—	—	W-Alpen	[31]
5,6	—	20	6,5	—	30	8,2	—	N-Alpen	[32]
5,9	3,4	20	6,5	3,7	30	8,2	4,4	Bayer. Alpen	[33]
5,7	3,4	(35)	6,6	3,6	45	8,0	4,4	S-Alpen	[34 --36]
5,5	3,0	24	6,4	3,6	60	8,2	—	Abruzzen (Ital.)	[37]
5,1	3,1	14	6,1	4,2	32	8,2	4,5	Po-Tal (Ital.)	[36]
—	—	19	—	—	24	—	—	Debrecen (Ungarn)	[38]
—	—	20	—	—	25	—	—	Pécs (Ungarn)	[39]
5,6	3,3	11	6,4	3,7	31	8,2	—	Böhmen	[40]
5,6	3,4	9	6,2	3,8	35	8,1	4,5	Ungarn u. S-Slowak.	[41]

Tabelle 3 (Fortsetzung)

„Granitschicht" km/s		CD km	„Gabbroschicht" km/s		MD km	„Mantel" km/s		Gebiet	Lit.
v_L	v_T		v_L	v_T		v_L	v_T		
					Kontinentales Asien				
—	—	—	—	—	40	—	—	Korkino (Ural)	[19]
5,6	3,2	15	6,7	4,0	49	8,0	4,7	Kaukasus	[43]
—	—	—	—	—	50–67	—	—	Zentr.-Kaukasus	[43]
5,6	3,4	25	6,6	3,9	46	7,9	4,5	NE-Indien	[44]
5,7	3,4	20	6,2	3,6	50	8,0	—	Zentr.-Asien	[45]
5,5	—	15	6,4	—	55	8,1	—	Issykkul-See	
5,5	—	20	6,4	—	35	8,1	—	SE-Teil d. Balchaschsees	[46]
5,5	—	16	6,4	—	38	8,1	—	200 km nordwestlich v. Issykkul-See	[46]
5,5	—	18	6,4	—	40	8,1	—	SW-Teil v. Balchaschsee	[46]
—	—	45	—	—	60	—	—	nördl. Pamir	[47]
					Nordamerika				
6,1	—	—	—	—	33	8,1	—	Zentr. Atlantikküste	[48]
6,0	—	15	6,5	—	40	8,1	—	Zentr.-Appalachen	[49]
6,3	3,6	35	—	—	36	8,1	4,7	New York	[50]
6,1	3,6	32	—	—	34	8,2	4,7	Pennsylvanien	[50]
6,2	3,5	30	7,1	3,9	37	8,2	4,8	Kanad. Schild	[51]
6,0	—	—	(7,0)	—	40	8,2	—	Wiskonsin	[52]
5,9	—	10	6,8	—	37	8,2	—	südl. Teil d. Kalif. Tals	[53]
—	—	26	—	—	32	—	—	do.	[54]
6,4	3,8	28	7,1	4,1	35	8,1	4,5	do.	[55]
5,6	—	13	6,6	—	31	8,0	—	Zentr.-Kalif.	[56]
6,0	—	25	7,2	—	43	8,2	—	Alberta (Kanada)	[57]
6,1	—	—	—	—	31	8,1	—	Alaska	[58]
					Südamerika				
—	—	—	—	—	34	—	—	Peru	[59]
—	—	—	—	—	55	8,0	—	Anden (Chile)	[60]
					Afrika				
6,2	3,7	—	—	—	34	8,2	4,7	Johannesburg	[61]
					Australien, Neuseeland				
6,1	3,7	—	—	—	37	8,2	4,7	W-Australien	[62]
6,0	3,6	—	—	—	35	8,2	4,7	do.	[63]
6,1	3,6	—	—	—	35	8,2	4,7	do.	[64]
6,0	—	9	6,3	—	20	8,1	—	Neuseeland	[65]
					Japan				
6,1	3,4	24	7,4	—	32	8,2	—	NE-Japan	[66]
5,8	3,4	22	7,0	4,0	32	8,1	4,7	Kioto	[67]

also in das allgemeine Schema des Erdkrustenaufbaus hinein und entspricht der „Granitschicht". Die sich anschließenden vier Schichten ergaben zusammen eine Mächtigkeit von rund 30 km mit einer Longitudinalgeschwindigkeit von 6,8 km/s. Sie entspricht der „Gabbroschicht" des üblichen Erdkrustenmodells. Daraus folgt eine Gesamtmächtigkeit der Erdkruste von ungefähr 40 km.

In Tab. 3 [24] sind Erdkrustendaten einiger kontinentaler Gebiete der Erde zusammengestellt.

Hierin bedeuten:

CD — Tiefe der CONRAD-Diskontinuität
MD — Tiefe der MOHOROVIČIĆ-Diskontinuität
v_L — Geschwindigkeit der Longitudinalwellen
v_T — Geschwindigkeit der Transversalwellen

6.1.2. Die ozeanische Erdkruste

Der ozeanische Teil der Kruste unterscheidet sich wesentlich von dem kontinentalen. Der auffälligste Unterschied besteht in der Tiefe der MOHOROVIČIĆ-Diskontinuität, die hier in einer Tiefe von 10 bis 12 km verläuft, was besonders durch seismische Refraktionsmessungen (EWING, WORZEL, RAITT, HILL, HERSEY u. a.) wie auch durch Ergebnisse von Dispersionsuntersuchungen an Oberflächenwellen (WILSON, BAYKAL, EWING, PRESS, JARDETZKY, OFFICER, EVERNDEN u. a.) festgestellt und bestätigt wurde. Diese Tiefe rechnet von der Meeresoberfläche aus. Eine durchschnittliche Wassertiefe wird mit 4 km angegeben [68], wobei dieser Wert für bestimmte Gebiete wenig Bedeutung hat, da er aus sehr unterschiedlichen Tiefen (Schelf, Schwellen, Gräben usw.) gemittelt wurde. Es folgt dann eine dünne Schicht unkonsolidierter Sedimente, die in ihrer Stärke auch erheblich schwanken kann, von 0,5 km und weniger in den Tiefseeplateaus über 1,5 bis 2 km in den Gebieten der kontinentalen Randzone bis sogar 7 bis 9 km im Golf von Mexiko [12]. Die Longitudinalwellengeschwindigkeit in den unverfestigten Sedimenten liegt bei 1,7 km/s im Durchschnitt. Darunter liegt eine Schicht von halb bis stark verfestigten Sedimenten oder vulkanischen Gesteinen, in der die Geschwindigkeit allmählich mit der Tiefe zunimmt. Diese Schicht ist etwa 1 bis 2 km stark und von einer Schicht vorwiegend basaltischer Zusammensetzung unterlagert, die ungefähr eine Mächtigkeit von 4 bis 5 km hat und in der die Longitudinalwellengeschwindigkeit 5,9 bis 6,9 km/s beträgt. Diese Lage entspricht der „Basalt- oder Gabbroschicht" der kontinentalen Kruste. Diese ist aber auf dem Kontinent von der „Granitschicht" überlagert und von ihr durch die CONRAD-Diskontinuität getrennt. Diese „Granitschicht" konnte im ozeanischen Teil der Erdkruste nur selten nachgewiesen werden, und demzufolge verliert auch die CONRAD-Diskontinuität ihre Bedeutung. Oft wird aber auch von einer CONRAD-Diskontinuität unter dem Ozean gesprochen, womit dann aber der untere Abschluß der Sedimentschichten gemeint ist [24]. Sie ist hier also die Grenze zwischen den Sedimenten und der „Basalt- oder Gabbroschicht“ und hat somit eine Tiefe unter der Meeresoberfläche von rund 6 bis 8 km. Die Basaltschicht wird von der MOHOROVIČIĆ-Diskontinuität zum Erdmantel hin begrenzt, dessen Gestein nach H. H. HESS [68] ungefähr aus 4 Teilen Magnesiumsilikat (Olivinen), aus einem Teil Enstatit, einem Teil Chrom-Diopsid, 1 bis 2% Picotiten besteht und vorwiegend peridotitisch (Olivine + Pyroxene) ist. Er ist in seinen elastischen Eigenschaften nicht von dem Erdmantel des kontinentalen Teils der Erdkruste zu unterscheiden [69]. Die Longitudinalwellengeschwindigkeit beträgt etwa 8 km/s.

Tabelle 4

Zusammenstellung des Aufbaus der ozeanischen Kruste:
v_L = Longitudinalgeschwindigkeit, ϱ = Dichte

Schicht	Mächtigkeit km	v_L (km/s)	ϱ (g/cm³)
Wasser	4	1,52	1,00
unverfestigte Sedimente	0,5	1,7	1,5–2,0
halbverfestigte Sedimente } verfestigte Sedimente } vulkanisches Gestein }	1–3	2,4 3–5	2,0–2,6
„Gabbroschicht“	3–5	5,9–6,9	2,6–2,9
oberer Mantel (peridotitisch)		7,9–8,2	3–3,4

Eine besondere Stellung bei der Betrachtung der ozeanischen und kontinentalen Erdkruste nehmen die Gebiete des Schelfes und die Kontinentalabhänge ein. Sie bilden den Übergang vom Kontinent zum Ozean. Dieser Übergang vollzieht sich auf geringer Entfernung von annähernd 100 km [68]. Da die Basis der Kontinentalränder etwa bei 35 km liegt, die der Ozeane aber nur ein Viertel so tief, folgt, daß die MOHOROVIČIĆ-Diskontinuität ungefähr unter einem Winkel von 15° vom Ozean hinab zum Kontinent einfällt. Die „Granitschicht“ des Kontinents streicht in diesem Gebiet zum Ozean hin aus, und ebenfalls steigt die CONRAD-Diskontinuität aus einer Tiefe von rund 20 km unter dem Kontinent auf eine Tiefe von 8 bis 10 km unter dem Ozean an, wo sie als Grenze zwischen Sedimenten und „Gabbroschicht“ weiterläuft (Abb. 8).

Die Sedimentmächtigkeiten sind in den Schelfgebieten größer als in den Tiefseegebieten.

6.2. Physiographie des Nordatlantik

Die in dieser Arbeit betrachteten Wellen laufen, sehr grob gesehen, vom mittelamerikanischen Raum aus durch den Atlantik in nord-östliche Richtung bis nach Mitteleuropa. Im folgenden soll ein Überblick über die morphologisch-physiographische Beschaffenheit der von den Oberflächenwellen durchlaufenen Gebiete des Nordatlantik gegeben werden.

Tabelle 5
Erdkrustendaten des Atlantischen und des Stillen Ozeans

Wassertiefe km	CD km	„Gabbro-schicht" km/s	MD km	Ultra-basisches Gestein km/s	Gebiet	Lit.
		v_L		v_L		
			Atlantik			
1,5–4	5,5	6,6	14	7,9	Ostatlantik	[70]
4 –5	7	6,6	10	7,9	do.	[70]
4 –5	7,5	6,8	13	8,1	Westatlantik	[70]
5	8	6,7	11	8,0	do.	[70]
5	7	6,6	10	7,9	Nordamerikan. Becken	[71]
5	8	6,7	13	8,1	östl. von Barbados	[72]
5	8	6,3	12	8,0	Puerto-Rico-Graben	[73]
			Stiller Ozean			
3,5	4	6,5	9	8,0	San Diego (Kaliforn.)	[74]
4	5	7,0	9	8,4	unt. Kaliforn.	[75]
1,5–4	6	6,7	12	7,9	Pazifik	[70]
4 –5	7	6,8	12	8,3	do.	[70]
5	7	6,6	12	8,2	do.	[70]
4 –5	7	6,8	12	8,2	15° N, 160°–120° E	[75]
4 –5	6	6,8	12	8,2	15° S, 170°–110° E	[75]
6	8	6,5	12	8,2	60 km östl. des Tonga-Grabens	[76]
9	12	6,5	20	8,1	Tonga-Graben	[76]
—	10	6,9	17	8,1	Eniwetok	[77]

Es bedeuten:

CD — Tiefe der unteren Grenze der Sedimente
MD — Tiefe der Mohorovičić-Diskontinuität

6.2.1. Physiographische Einteilung des Nordatlantik

Das Gebiet des Atlantischen Ozeans zwischen 17° und 50° nördlicher Breite stellt den Hauptanteil des hier betrachteten Wellenweges dar. Deshalb wird seine morphologisch-physiologische Beschaffenheit ausführlicher beschrieben.

Nach Heezen, Tharp und Ewing [78] wird der Nordatlantik in drei größere physiographische Regionen, die wiederum in verschiedene Kategorien unterteilt sind, eingeteilt.

I. Die kontinentale Randzone

Kategorie 1: kontinentaler Schelf
epikontinentale Randseen
kontinentale Randplateaus

Kategorie 2: Kontinentalabhang
seewärtige Steilhänge der Randplateaus
landwärtige Hänge der Gräben

Kategorie 3:	kontinentale Schwelle Randgraben-Außenrücken-Komplex Randbecken-Außenrücken-Komplex	

II. Der Tiefseeboden

Kategorie 1:	Abyssaler Boden:	abyssale Ebenen abyssale Berge abyssale Schluchten und mittelozeanische Cañons
Kategorie 2:	Tiefseeschwellen	
Kategorie 3:	Seamounts	

III. Der Mittelatlantische Rücken

Kategorie 1:	Kammprovinzen:	Rift valleys und Rift mountains, „Bruchplateau"
Kategorie 2:	Flankenprovinzen:	Obere, mittlere und untere Stufe

Bereits aus dieser Gliederung des Nordatlantik ist ersichtlich, wie heterogen das von den Wellen durchlaufene Gebiet ist. Daraus folgt die Schwierigkeit bei der Aufstellung eines theoretischen Erdkrustenmodells für den Wellenweg, das ja eine möglichst gute Annäherung an die wirklichen Verhältnisse sein soll.

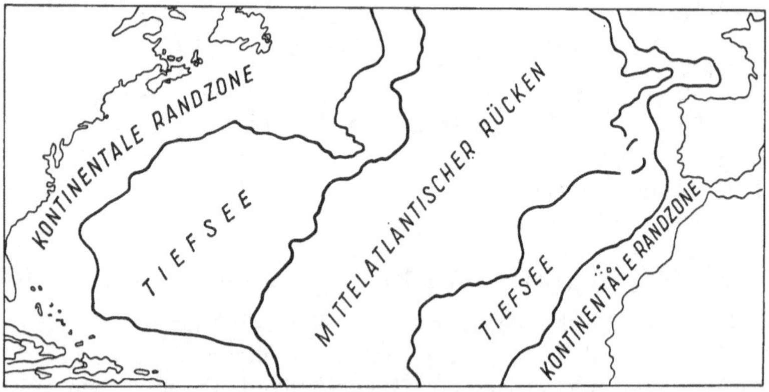

Abb. 9. Einteilung des Nordatlantik in kontinentale Randzone, Tiefseeboden und Mittelatlantischen Rücken [78]

6.2.1.1. Die kontinentale Randzone

Die kontinentale Randzone umfaßt alle physiographischen Provinzen des Festlandes und des Ozeans, die an der Grenze dieser beiden Ordnungen liegen. Im Idealfall wird sie aus Schelf, Kontinentalabhang und oberer und unterer Kontinentalschwelle gebildet. In einigen Gebieten ist aber die obere Kontinentalschwelle durch einen Randgraben und die untere durch einen Außenrücken ersetzt.

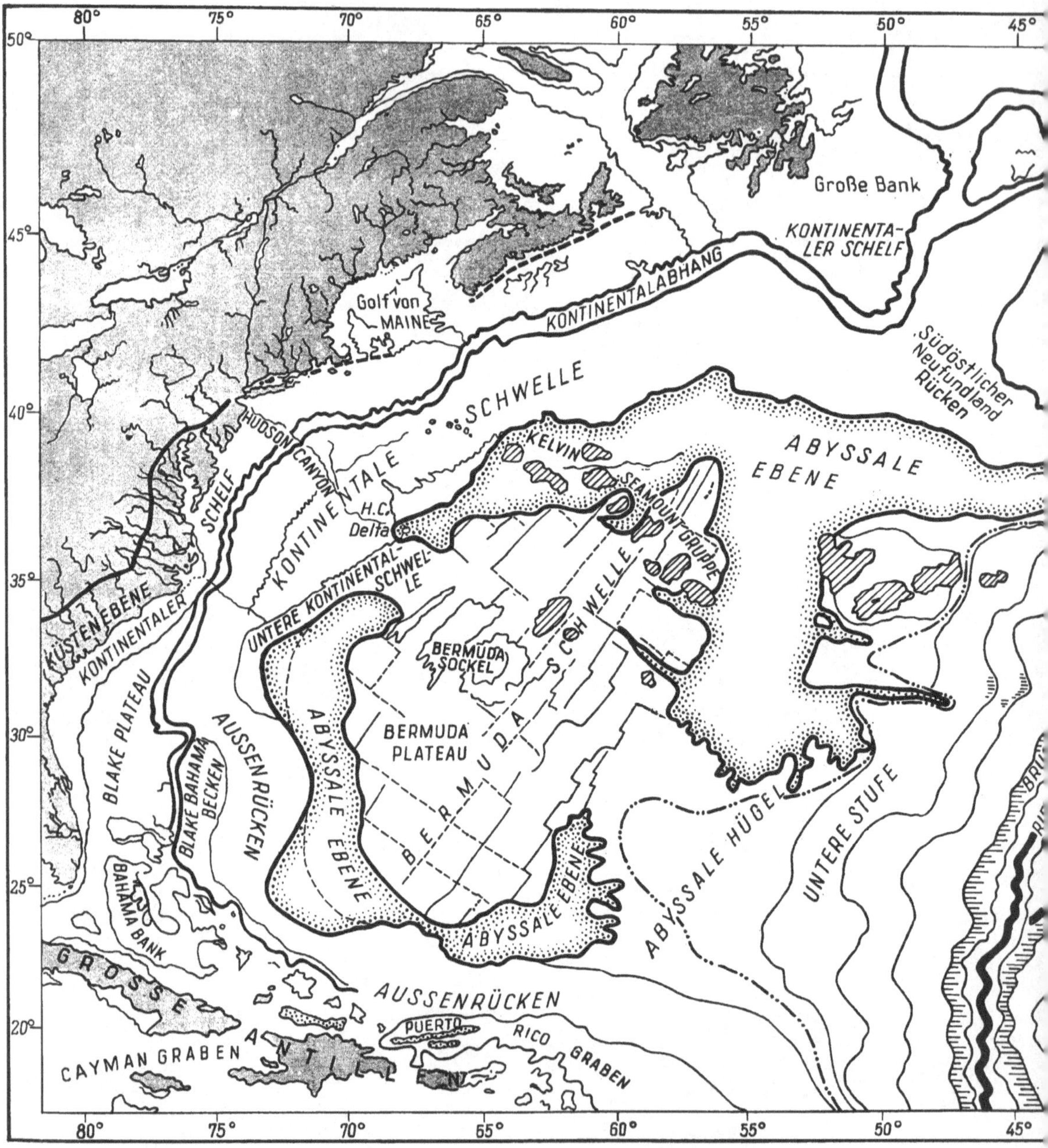

Abb. 11. Einteilung des N-Atlantik in d

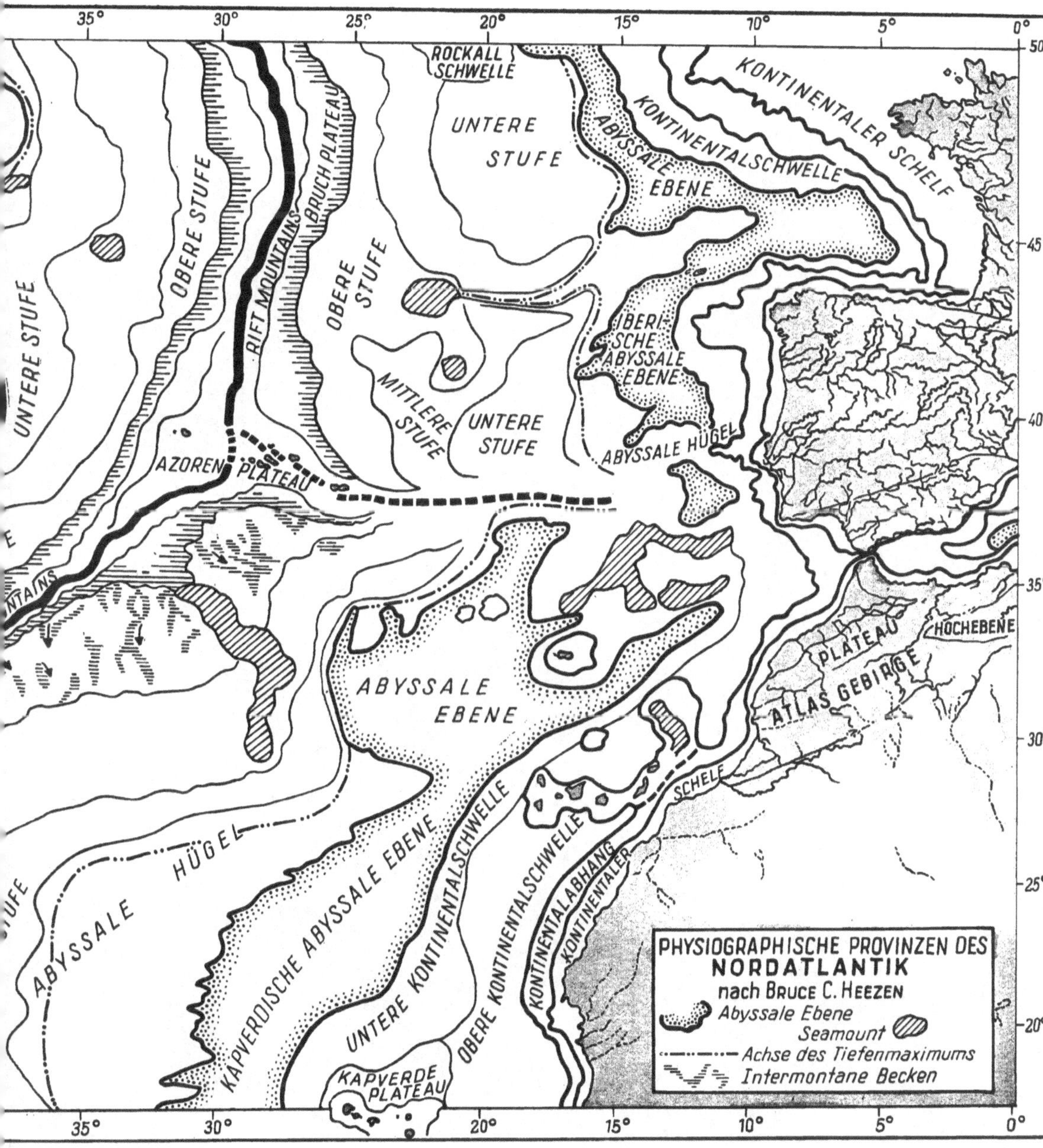

chen Provinzen (nach HEEZEN u. a. [78])

1 a) Kontinentaler Schelf

Der kontinentale Schelf erstreckt sich von der Küste bis zum Schelfabbruch und zeigt im allgemeinen ein ebenes Relief. Die Tiefe beträgt durchschnittlich weniger als 200 m. Das Gefälle ist sehr klein (1:1000). Die Fortsetzung des Schelfs zum Kontinentalabhang erfolgt meist abrupt und wird als Schelfabbruch bezeichnet. Das Gefälle verändert sich von 1:1000 auf 1:40.

Auf dem Schelf verläuft die Sedimentation stetig, wurde jedoch bei marinen Regressionen zeitweilig unterbrochen. Das führte zu Unregelmäßigkeiten in der Ausbildung der Schichtenfolge. Nafe und Drake beobachteten, daß die Zunahme der seismischen Geschwindigkeit mit der Tiefe und damit die Zunahme der Kompaktheit des abgelagerten Materials auf dem Schelf größer sind als in der Tiefsee. Wahrscheinlich ist das ein Ergebnis der Erosion und der Zementation bei hohen Grundwasserständen in Perioden der Hebung. Diese Unregelmäßigkeiten in der Sedimentation können sich in der Ausbildung und Widerstandsfähigkeit der Gesteine gegen Erosion widerspiegeln. Die rezenten Sedimente der Schelfgebiete sind größtenteils Sande, Schluffe, schluffige Feinsande (Pelite) und Karbonate. Auf dem Schelf sind von der Kreide ab alle Sedimente vorhanden.

b) Epikontinentale Randmeere

Sie liegen ebenfalls auf dem kontinentalen Block, zeichnen sich jedoch gegenüber dem Schelf durch größere Tiefen aus. Sie betragen 200 m bis 2750 m. Die Reliefunterschiede sind gewöhnlich stärker als auf dem Schelf. Bänke und Erhebungen von weniger als 100 m Höhe sind nicht selten. Die Randmeere haben eine Barriere oder Schwelle zum offenen Meer hin.

c) Randplateaus

Die Randplateaus sind schelfähnlich, liegen aber in größeren Tiefen zwischen 200 und 2200 m. Im Gegensatz zu den epikontinentalen Randmeeren fehlt die Barriere als Begrenzung zum offenen Meer. Das Relief ähnelt im Gefälle und in den Höhenunterschieden dem des kontinentalen Schelfs.

2 a) Der Kontinentalabhang

Der Kontinentalabhang wird begrenzt durch den Schelfabbruch und einen an der Basis des Abhangs vorhandenen scharfen Knick und reicht von einer Tiefe von 100 m bis 200 m bis in Tiefen von 1400 m bis 3200 m. Das durchschnittliche Gefälle beträgt 1:40.

Die Mächtigkeit der rezenten Sedimente, z. B. Foraminiferenpelite und schluffige, relativ reine Pelite mit pelagischen Fossilien, ist sehr gering. Allgemein ist doch für den Kontinentalabhang charakteristisch, daß auf Grund der starken Erosion keine Sedimente vorhanden sind und meist das nackte Gestein hervortritt (Tertiär und mesozoische Schichten).

c) Steilhänge der Randgräben

Diese Bezeichnung wurde eingeführt, um einen gewöhnlichen Kontinentalabhang von den landwärtigen Hängen der Randgräben zu unterscheiden. Sie haben ein Gefälle von 1:40 und reichen von einer Tiefe von wenigen 100 m in Landnähe bis zu einigen 1000 m in den Randgräben.

3 a) Die Kontinentalschwelle

Die Kontinentalschwelle erstreckt sich von der Basis des Kontinentalabhanges bis zum abyssalen Tiefseeboden. Ihr Gefälle kann zwischen 1:50 und 1:700 schwanken. Die seewärtige Grenze ist deutlich durch die Erniedrigung des Gefälles auf 1:1000 gegeben. Die kontinentale Schwelle liegt in einer Tiefe zwischen 1400 m und 5100 m und hat ein ziemlich ruhiges Relief. Jedoch treten vereinzelt „Seamounts“ und ziemlich häufig submarine Cañons auf. Der obere Teil der Kontinentalschwelle kann als Randgraben oder Randbecken ausgebildet sein. Der untere Teil bildet dann den Außenrücken. Dieser ist im allgemeinen ein breiter Gebirgszug von mehr als 150 km Breite, der parallel zum Rand des kontinentalen Blocks liegt und sich bis zu 1800 m über den angrenzenden Tiefseeboden erhebt. Der Außenrücken ist bis zu Tiefen von 4000 m vom Globigerinenschlamm bedeckt, in größeren Tiefen dann vom Roten Tiefseeton. Im allgemeinen zeigt die Kontinentalschwelle sowohl pelagische als auch klastisch-terrigene Sedimente. Die Randgräben und -becken werden von geschichteten kalkhaltigen Sanden, die mit kalkärmeren Peliten alternieren, eingenommen. Ansonsten ist das Gebiet der Kontinentalschwelle durch eine ungewöhnlich starke Sedimentation gekennzeichnet.

b) Randgräben

Ein Randgraben ist ein schmaler, steilwandiger Graben, der parallel zur Küste verläuft. Er liegt rund 2000 m unter dem durchschnittlichen Tiefseebodenniveau und wird durch den Außenrücken zur Tiefsee hin begrenzt. Der Boden der Randgräben ist im allgemeinen recht uneben, jedoch in den tiefsten Teilen glatt. Ein Beispiel für einen Randgraben ist der Puerto-Rico-Graben.

c) Randbecken

Ein Randbecken liegt stets am Fuße des Kontinentalabhangs oder eines Steilhangs von einem Randplateau. Es ist seichter als ozeanische Becken allgemein. Die seewärtige Begrenzung ist auch der Außenrücken.

6.2.1.2. Der Tiefseeboden

Die Grenze des Tiefseebodens zum Land hin ist durch die Grenze des Gefälles von 1:1000 auf der Kontinentalschwelle gegeben. Auch die Grenze zum Mittelatlantischen Rücken ist entlang einer Steilhangzone gut festzulegen. Hier steigt das allgemeine Niveau plötzlich beträchtlich über das des Tiefseebeckens an.

1. Abyssale Ebene

Am Fuße der kontinentalen Schwelle sind in allen Ozeanen abyssale Ebenen zu finden, die ein sehr geringes Gefälle haben und die typischen klastischen Seichtwassersedimente zeigen. Abyssale Berge sind kleinere Berge, die sich 100 bis 1100 m über den Ozeanboden erheben. Isolierte abyssale Berge oder Berggruppen sind entlang den abyssalen Ebenen zu finden. Im Nordatlantik bilden die Bergprovinzen zwei Streifen, die parallel zum Mittelatlantischen Rücken verlaufen. Abyssale Schluchten sind enge Passagen, die zwei abyssale Ebenen verschiedener Tiefe miteinander verbinden. Der Boden einer solchen Schlucht fällt kontinuierlich von der höheren Ebene zur tieferen ab. — Ein Tiefseecañon ist eine steilwandig lineare Depression mit ebenem Boden, die in einer abyssalen Ebene auftritt.

Refraktionsseismische Messungen zeigten, daß die Gesteine auf dem Tiefseeboden sehr rasch wechseln, was ERICSON, EWING und HEEZEN (1952) aus der Wirkung der Suspensionsströme, die in diesen Gebieten häufig auftreten und wechselnd Schluffe und Tone ablagern, erklären.

2. Tiefseeschwellen

Eine Tiefseeschwelle erhebt sich nur wenige hundert Meter über den abyssalen Boden und ist nicht mit dem Mittelatlantischen Rücken bzw. der kontinentalen Schwelle verbunden. Das Relief kann mäßig bis stark differenziert sein. Im Nordatlantik existieren nur drei solcher Schwellen: die Bermuda-Schwelle, die Corner-Schwelle und die Rockall-Schwelle.

Der Raum der Tiefseeschwellen wird fast nur von pelagischen Sedimenten eingenommen.

3. Seamounts

Ein Seamount ist eine isolierte Erhebung, die mehr als 900 m über den Meeresboden aufragt.

6.2.1.3. Der Mittelatlantische Rücken

Der Mittelatlantische Rücken ist ein kontinuierlich durchlaufender Gebirgszug, der die N—S-Achse des Nordatlantiks bildet. Er setzt sich im Südatlantik und im Pazifik fort. Dieser weltumfassende Rücken ist mehr als 6500 km lang. Er bildet einen breiten, zerbrochenen Bogen, der annähernd das Zentrum, rund ein Drittel des Ozeans, einnimmt. Der Kamm liegt nahe der medianen Achse, und die Begrenzung zum abyssalen Tiefseeboden bilden die Steilhänge der unteren Stufe der Flanken. Das Relief ist durch normale bruchtektonische Vorgänge zu erklären. Über große Entfernungen wird der Mittelatlantische Rücken von ungestörten pelagischen Sedimenten überdeckt.

1. Die Kammprovinzen

Zu ihnen werden folgende drei physiographische Provinzen gerechnet: die „Rift valleys", die „Rift mountains" und die „Bruch"-Plateaus.

a) Rift valley

Das Rift valley ist ein tiefer Einschnitt auf dem Kamm des Mittelatlantischen Rückens. Der Boden des Tales liegt 3600 m unter dem Meeresspiegel und ist 8 bis 35 km breit. Die Gipfel der angrenzenden Berge, die Rift mountains, liegen bei 1800 m. Das Tal ist zwischen den Kämmen dieser angrenzenden Berge 25 bis 50 km breit. Der Boden des Rift valley ist sehr uneben.

b) Rift mountains

Die Rift mountains bilden die seitliche Begrenzung des zentralen Grabens. Sie können als stark geneigte Blöcke mit einem sehr differenzierten Relief aufgefaßt werden. Eine Expedition, die der Erforschung des Mittelatlantischen Rückens diente (EWING 1947), erbrachte mit dem Grundschleppnetz aus dem Bereich des zentralen Grabentals und der Rift mountains verschiedene magmatische Gesteine: Olivingabbro, Serpentin, Basalt, Diabas. Gewöhnlich sind Sedimente kaum vorhanden, und die Rift mountains und die ,,Bruch"-Plateaus zeigen nur die kahlen Hänge nackten Gesteins.

c) ,,Bruch"-Plateaus

Zu beiden Seiten des Mittelatlantischen Rückens grenzen an die Rift mountains die ,,Bruch"-Plateaus. Die Berge dieser Provinz sind 13 bis 17 km voneinander entfernt und etwas mehr als 700 m hoch. Die Täler sind schmaler und tiefer als die der Flankenprovinzen.

2. Die Flankenprovinzen

Zwischen dem Außenrand des Plateaus und dem Tiefseeboden liegt eine Folge von parallelen Provinzen, die obere, die mittlere und die untere Stufe. Sie zeigen alle eine sehr unruhige Morphologie. Berge von mehr als 350 m Höhe wechseln mit Tälern, die z. T. recht eben sind. Die Grenzen der einzelnen Stufen werden durch sogenannte Steilhangzonen, die parallel zum Kamm des Rückens verlaufen, gebildet. In den Flankenprovinzen steht ebenfalls das nackte Gestein an.

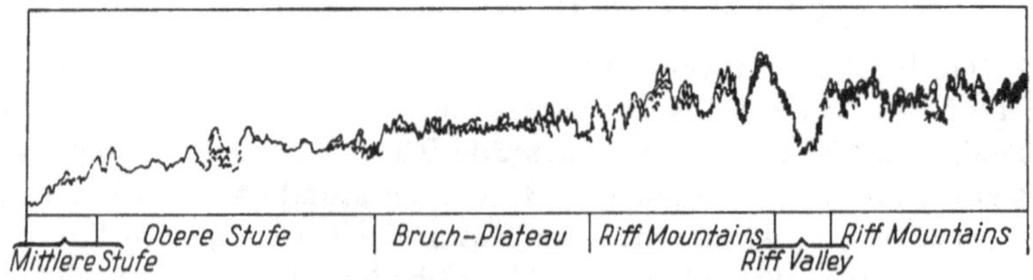

Abb. 10. Mittelatlantische Schwelle (nach HEEZEN u. a. [78])

6.3. Krustendaten aus Refraktionsmessungen im Bereich des betrachteten Wellenweges

Wie im Abschnitt 2.4.4. schon erwähnt wurde, spricht der Verlauf einer Dispersionskurve nicht eindeutig für die Struktur der Erdkruste bzw. des oberen Mantels. Um aber die Wahrscheinlichkeit einer richtigen Aussage zu erhöhen, zieht man für die Aufstellung eines theoretischen Krustenmodells Ergebnisse der angewandten Forschung heran. Es sind dies vor allem die Resultate elektrischer, magnetischer, gravimetrischer und seismischer Verfahren. Von den letztgenannten ist die refraktionsseismische Messung die zuverlässigste. Deshalb werden in den folgenden Abschnitten die Ergebnisse dieses Meßverfahrens für den Krustenaufbau entlang dem hier untersuchten Wellenweg zusammengestellt.

6.3.1. Nordamerikanisches Becken (Sargasso-See)

Die Sargasso-See ist ein Teil des Nordatlantiks und liegt zwischen der Ostküste Nordamerikas und der Nordatlantischen Schwelle, im sogenannten Nordamerikanischen Becken. Die nördliche Grenze bildet die Küste des nordamerikanischen Kontinents, und die südliche Begrenzung sind die Westindischen Inseln.

M. Ewing und seine Mitarbeiter haben mit mehr als tausend refraktionsseismischen Messungen versucht, den Aufbau der kontinentalen Randzone im Nordamerikanischen Becken zu klären. Ewing arbeitete hauptsächlich an der Ostküste der USA. Die Meßergebnisse zeigen alle [78]:

1. eine mächtige Linse von Sedimenten unter der kontinentalen Schwelle;
2. eine größere Diskontinuität in der Krustenstruktur an der Basis des Kontinentalabhanges;
3. im Schelfgebiet einen Keil „unverfestigter“ Sedimente, dem eine Linse „schwachverfestigter“ Sedimente überlagert ist;
4. das Tiefseebecken wird, nur dünn von Sedimenten bedeckt, vom auftauchenden Kristallin gebildet. C. B. Officer, M. Ewing und P. C. Wuenschel [4] beschreiben eine Serie von Refraktionsprofilen, die in der Nähe der Bermuda-Inseln gemacht wurden. Hier ist die Schicht der unverfestigten Sedimente (1,7 km/s) etwa 0,8 km stark und verdünnt sich mit wachsendem Abstand von den Inseln bis auf 0,1 km. Die darunterliegende Schicht verfestigter Sedimente und/oder vulkanischer Gesteine (4,51 km/s) verjüngt sich im gleichen Sinne wie die erste Schicht von 4,5 km auf etwa 0,5 km. Diese Schicht wird dann von der basischen Zone (6,63 km/s) unterlagert, an die sich dann das peridotitische Mantelmaterial mit $v_p = 8{,}03$ km/s anschließt.

In Tab. 6 werden die Ergebnisse der angewandten Forschung über den Krustenaufbau des Nordamerikanischen Beckens aus der Literatur zusammengestellt.

6.3.2. Mittelatlantischer Rücken

Der Mittelatlantische Rücken zeigt eine ganz besondere Krustenstruktur, die weder rein ozeanischen noch rein kontinentalen Typs ist. Allgemein bestehen

Tabelle 6

Nordamerikanisches Becken

Gebiet	Wasser	Sedimente		„Basement“		„Gabbro-schicht“		„Mantel“	MD	Lit.
N; W	km	km	km/s	km	km/s	km	km/s	km/s	km	
23°21′; 71°24′	5,27	0,66	1,80	1,88	4,70	4,68	6,69	7,88	12,5	[91]
24°11′; 73°22′	5,21	0,61	2,19	1,09	4,96	3,84	6,80	8,19	11	[91]
26°23′; 75°05′	4,60	1,48	1,90	0,62	4,87	5,83	6,27	7,98	12,5	[91]
38°55′; 73°15′	0,08	0,66	1,74	2,32	4,35	—	5,11	—	—	[91]
		1,19	2,50							
38°10′; 72°53′	2,70	1,86	1,99	3,36	4,69	—	6,16	—	—	[91]
		1,22	3,36							
37°58′; 64°54′	4,93	0,96	2,01	0,57	4,57	4,45	6,19	7,88	11	[91]
36°15′; 72°22′	3,75	2,53	2,04	2,94	5,01	—	6,46	—	—	[91]
		0,95	3,19							
33°; 74°50′	4,20	2,17	2,13	2,57	4,90	—	6,73	—	—	[91]
		2,08	3,80							
34°46′; 74°25′	3,34	2,00	2,14	3,92	5,12	—	6,57	—	—	[91]
		2,69	3,30							
42°20′; 64°27′	1,82	2,24	2,08	3,07	4,63	—	6,43	—	—	[91]
		0,88	3,27							
40°42′; 62°52′	4,51	2,31	2,14	2,41	4,83	2,89	6,16	8,01	13	[91]
		0,76	3,67							
40°25′; 65°34′	3,75	0,74	1,80	1,34	4,42	—	6,77	—	—	[91]
		2,07	2,85							
40°35′; 66°45′	1,99	1,91	2,25	1,84	4,68	—	6,33	—	—	[91]
		1,27	3,96							
39°42′; 68°15′	2,86	2,35	2,16	1,80	5,02	—	6,20	—	—	[91]
		2,00	3,94							
40°06′; 68°29′	1,45	0,94	1,80	1,08	4,97	—	6,34	—	—	[91]
38°; 70°14′	3,76	3,06	2,12	3,26	4,89	—	7,12	—	—	[91]
38°14′; 71°11′	3,07	3,82	2,30	2,86	5,16	6,39	7,08	8,01	16	[86]
35°10′; 68°02′	5,20	1,0	1,96	1,04	5,23	3,02	6,65	8,04	10	[86]
28°; 63°	5,20	0,17	1,55	1,09	4,54	5,50	6,63	7,94	12	[86]
22°05′; 63°05′	5,78	0,36	1,64	1,20	5,38	5,41	6,90	8,19	13	[86]
27–32°; 59–65°	5,0	0,8	1,70	4,5	4,51	—	6,63	8,03	—	[4]
23–26,5°; 64°	5,8	0,7	1,83	—	—	3,6	6,45	7,81	10	[85]
34–37°; 65–69°	4,9	1,6	1,84	—	—	4,6	6,42	7,97	11	[85]
Westatlantik	5,15	1,49	1,7–4,5	—	—	4,02	6,53	7,95	11	[79]
20,5–22°; 66–67°	—	0,59	2,10	—	5,17	—	—	—	—	[16]
21,5–22°; 66–67°	—	0,71	2,37	—	5,35	—	—	—	—	[16]
22–23,2°; 66–67°	—	0,5	2,61	—	4,10–4,22	—	—	—	—	[16]
21,5–22°; 66–67°	—	0,05	1,75	5,73	—	—	—	—	—	[18]
		1,55	3,02							
29–30°; 75°	4,57	0,27	1,73	—	—	6,71	6,81	8,12	10	[79]
		0,90	1,98							
		2,36	3,05							

die Schichten der Kammprovinzen und der oberen Stufe der Flankenprovinzen aus [78]:

0,4 km	lockeren Sedimenten	
2,8 km	basaltischem Material mit	$v_p = 5{,}1$ km/s
	Schicht mit	$v_p = 7{,}3$ km/s

In den Kammprovinzen ist die 5,1-km/s-Schicht meist freigelegt. In den Flankenprovinzen wurden Sedimentmächtigkeiten von 0 bis 1 km gemessen. Die obere Sedimentschicht scheint sich zwischen der Steilhangzone und dem Rücken zu verdicken. Es sieht so aus, als ob sich die Sedimente in großen Becken parallel zur Achse des Rückens abgelagert hätten.

Nach J. Ewing und M. Ewing [79] ist die 7,3-km/s-Schicht etwa 20 bis 25 km stark. Das Gestein stellt eine Mischung von Gabbromaterial (6,7 km/s) und dem sonst üblichen peridotitischen Mantelmaterial (8,1 km/s) dar. Es gibt drei Möglichkeiten, diese Schicht zu interpretieren:

1. als Mischung ursprünglich zweier Schichten mit unterschiedlichen elastischen Eigenschaften;
2. als einen „low-velocity"-Teil des Erdmantels;
3. als eine für den Mittelatlantischen Rücken charakteristische Schicht.

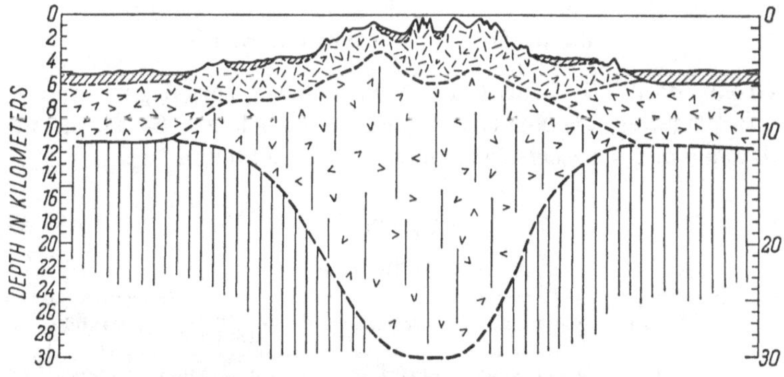

Abb. 12. Strukturausschnitt des Mittelatlantischen Rückens (nach Ewing [79])

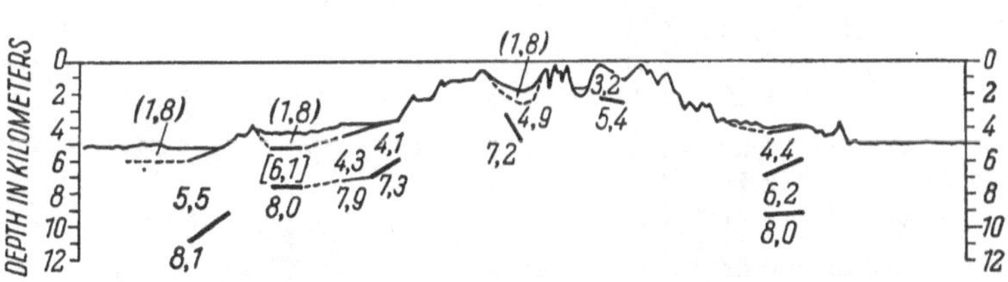

Abb. 13. Topographisches Profil und Ergebnisse seismischer v-Messungen für den Mittelatlantischen Rücken südlich der Azoren [79]

Ergebnisse refraktionsseismischer Messungen für den Mittelatlantischen Rücken sind in Tab. 7 zusammengestellt.

Tabelle 7

Mittelatlantischer Rücken

Gebiet	Wasser	Sedimente		„Basement“		Gemisch aus Gabbro- und peridotitischem Material		Lit.
N W	km	km	km/s	km	km/s	km	km/s	
33°; 34°	3,66	0,39	1,71	3,12	5,01		7,21	[79]
30,5°; 40°	2,74	0,22	1,72	3,33	5,38		7,42	[79]
38°; 31,5°	1,72	0,58	1,80	1,77	4,86		7,24	[79]
59°; 32°	1,52	0,38	1,70	2,87	5,60		7,24	[79]
66°; 23°	2,38	0,19	1,72	2,84	5,71		7,47	[79]
		0,82	1,94					
54°; 21°	2,98	0,87	1,81	4,10	5,80		7,43	[79]
		1,24	2,79					
39°; 35°	3,91	0,36	1,80	2,79	4,31		7,91	[79]

6.3.3. Die Neufundlandbank

Die „Große Bank“ ist der Insel Neufundland vorgelagert und bildet die nördliche Begrenzung des Nordamerikanischen Beckens. Sie ist ein ausgedehntes Schelfgebiet mit Wassertiefen von weniger als 200 m.

Tabelle 8

Neufundlandbank

Gebiet	Wasser	Sedimente		„Basement“		„Gabbroschicht“		„Mantel“	MD	Lit.
N W	km	km	km/s	km	km/s	km	km/s	km/s	km	
44°; 47°	3,67	0,08	1,73	—	—	—	6,22			[79]
		1,50	2,04							
		2,90	3,32							
42°; 49°	2,45	0,62	1,70	—	5,8	—	—	—	—	[79]
		2,02	2,46							
		1,06	3,80							
44°; 48°	2,39	0,49	1,70	—	5,69	—	—	—	—	[79]
		2,14	2,66							
		2,21	4,28							
38°; 73°	2,28	0,68	1,68	5,20	5,46	—	—	7,13	—	
Kontintalabh.		1,89	2,54							
v. N-Amerika		3,73	4,12							

Die refraktionsseismischen Untersuchungen [79] zeigen, daß auch hier die für den kontinentalen Schelf charakteristischen Schichten vorhanden sind. Es sind dies: eine Schicht halbverfestigter Sedimente mit einer Longitudinalwellengeschwindigkeit von etwa 2,5 km/s, ferner eine Schicht verfestigter Sedimente mit 4,0 km/s und das sogenannte „Basement" mit 5,6 km/s. Das Material des oberen Mantels wird durch eine Geschwindigkeit von 7,5 km/s charakterisiert. Einige Ergebnisse der Refraktionsmessungen sind in Tab. 8 zusammengestellt.

6.3.4. Der Ostatlantik

Als Ostatlantik wird hier das Gebiet zwischen dem Mittelatlantischen Rücken und Europa bezeichnet. Eine durchschnittliche Struktur wird von M. Ewing und J. Ewing [79] wie folgt angegeben. Hier sind Ergebnisse der Messungen von Hill und Laughton [89] einbezogen.

Wasser	4,56 km	
Sedimente	1,18 km	
ozean. Schicht	4,87 km	$v_p = 6{,}52$ km/s
Mantel		$v_p = 7{,}81$ km/s

Die Geschwindigkeit im oberen Teil des Mantels ist geringer als die sonst übliche von 8,0 bis 8,2 km/s.

Eine ähnliche Strukturform ist im Venezuela-Becken der Karibischen See vorhanden [73].

Werden die kontinentalen Schelfgebiete mehr berücksichtigt, so vermindert sich jedoch die Wassertiefe, und die Sedimentmächtigkeit nimmt zu. Hill und Laughton [89] arbeiteten im kontinentalen Schelf und am Kontinentalabhang vor den Britischen Inseln, am Englischen Kanal und südwestlich davon. Ihre Messungen zeigten Geschwindigkeiten der Longitudinalwellen von 2,09, 3,01, 4,51 und 6,99 km/s für unverfestigte, halbverfestigte, verfestigte Sedimente und für die „Gabbroschicht". Weiterhin stellten sie ein Anwachsen der Geschwindigkeiten in den obersten beiden Schichten in Richtung vom Kanal zum Schelfabbruch fest. Die Schicht der v_p-Geschwindigkeit von 4,85 bis 5,11 km/s wird meist als „Basement" beschrieben. Hill und Laughton rechnen sie zu den verfestigten Sedimenten, da in Südostengland für Gesteine des paläozoischen Gebietes Geschwindigkeiten der Longitudinalwellen von ungefähr 5 km/s gefunden wurden.

Krustendaten für den Ostteil des Atlantiks sind aus Tab. 9 zu entnehmen.

6.3.5. Der Puerto-Rico-Graben

Der Puerto-Rico-Graben ist ein typischer Randgraben (s. Abs. 6.2.1.1.), der nördlich der Insel Puerto Rico liegt. Er ist von einer Außenschwelle zur offenen See hin begrenzt. Die größte Tiefe beträgt 9218 m und ist als „Milwaukee-Tiefe" bekannt.

Tabelle 9
Ostatlantik

Gebiet		Wasser	Sedimente		„Basement“		„Gabbroschicht“		Mantel	MD	Lit.
N	W	km	km	km/s	km	km/s	km	km/s	km/s	km	
48° 20′;	11° 20′	3,75	1,4	2,1	8,1	5,40	—	—	7,94—0,21	13,2	[89]
47° 48′;	13° 20′	4,45	2,0—2,8	2,1	—	—	4,2—5,0	7,13—0,20	8,18—0,07	11,4	[89]
48° 52′;	15°	4,75	1,1	2,1	—	5,8	—	—	—	—	[89]
46° 53′;	15° 45′	4,80	0—1,3	2,1	—	—	—	6,56	—	—	[89]
48° 21′;	16° 49′	4,60	0,7	2,1	—	—	3,4	6,49—0,12	7,8—0,15	8,8	[89]
49° 58′;	18° 33′	4,45	0,9	2,1	—	—	—	6,75—0,18	—	—	[89]
49° 45′;	03° 31′	67 m	0,18	2,44—0,15	1,68	4,85—0,14	—	6,34—0,08	—	—	[90]
Kanal			0,95	3,21—0,07							
48° 50′;	06° 23′	125 m	0,15	2,00	—	—	—	6,10	—	—	[90]
westl. d. Kanals			0,84	2,78—0,07							
			2,47	3,91—0,07							
48° 54′;	08° 34′	153 m	0,11	1,96—0,01	2,70	4,82—0,08	—	6,10	—	—	[90]
westl. d. Kanals			1,30	2,34—0,08							
50° 01′;	10° 31′	140 m	0,47	1,76—0,01	2,00	4,48—0,06	—	6,71—0,30	—	—	[90]
46°;	15°	4,39	0,89	1,72	—	—	3,62	6,26	7,65	9	[79]
Golf v. Biskaya		4,50	1,17	1,71	—	—	6,49	6,14	7,77	13	[79]
			0,50	2,24							
41°;	16°	4,85	0,88	1,74	—	—	3,81	6,28	7,77	10	[79]
Kont. Schelf v.		2,75	0,42	1,71	3,55	3,22	—	6,96	—	—	[79]
Groß-Britan.			1,42	2,05							
Kont. Schelf v.		1,95	0,14	1,71	—	4,97	—	—	—	—	[79]
Groß-Britan.			2,48	2,08							

Mehrere seismische Arbeiten, die von HERSEY u. a. (1952) [2], G. H. SUTTON und EWING & WORZEL [87] durchgeführt wurden, brachten Ergebnisse, die mit der Arbeit von OFFICER u. a. [73] und ihren Ergebnissen wie folgt zusammengefaßt werden können. Die Struktur nördlich des Grabens ist:

0,5 – 1 km Sedimente
3 km „Gabbroschicht" mit $v_p = 6{,}6$ km/s .

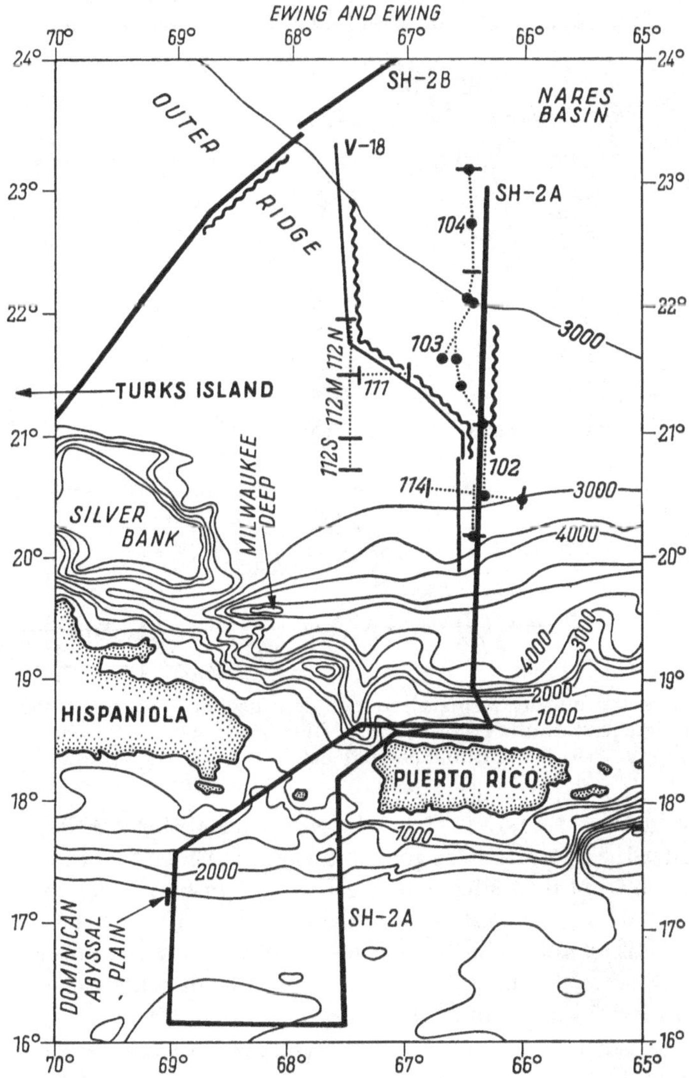

Abb. 14. Gebiet der refraktionsseismischen Vermessung entlang der Linie SH–2A. Die gepunkteten Linien zeigen die Lage der Refraktionsprofile von NORTHROP und RANSON [18], BUNCE und FAHLQUIST [17] (s. Tab. 6) und NAFE und DRAKE an (aus [17])

Die Mohorovičić-Diskontinuität verläuft hier 9 bis 10 km unter der Meeresoberfläche. Das ist annähernd der Standard für die ozeanische Krustenstruktur, bei dem allerdings die Mohorovičić-Diskontinuität um 2 bis 3 km tiefer liegt und die ozeanische Schicht (6,6 km/s) etwa doppelt so stark ist.

Im Graben selbst ist die ozeanische Schicht 2 bis 3 km dicker als normal, und die Mohorovičić-Diskontinuität liegt bei 18 km. Über der ozeanischen Schicht befindet sich eine Lage aus einem Material, dessen Geschwindigkeit verfestigte Sedimente, vulkanische und metamorphe Gesteine charakterisiert.

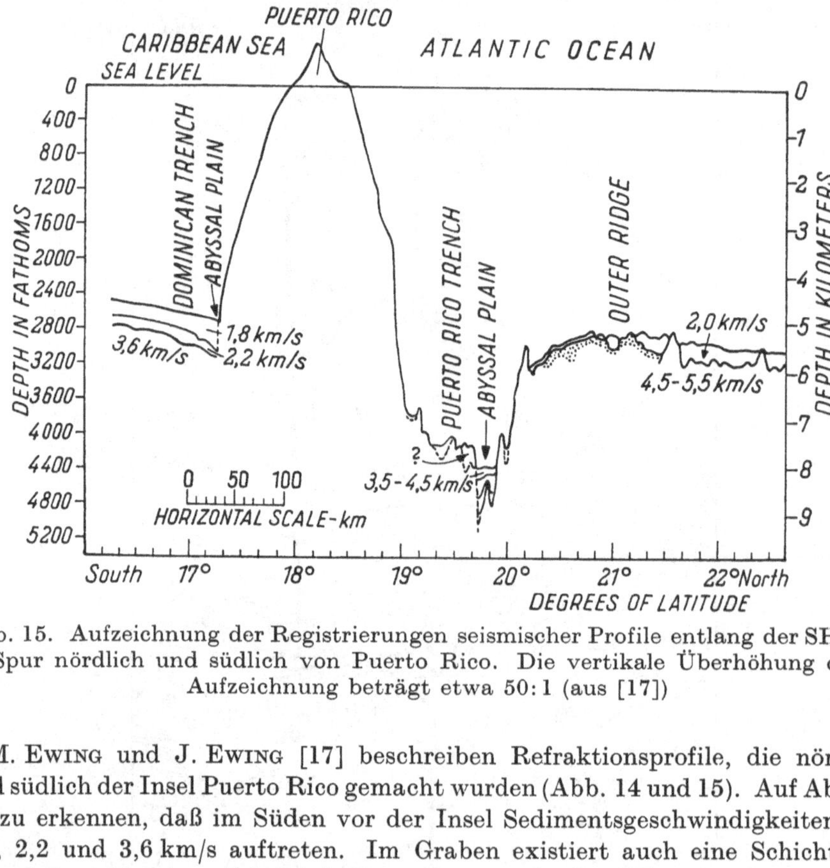

Abb. 15. Aufzeichnung der Registrierungen seismischer Profile entlang der SH–2A-Spur nördlich und südlich von Puerto Rico. Die vertikale Überhöhung der Aufzeichnung beträgt etwa 50:1 (aus [17])

M. Ewing und J. Ewing [17] beschreiben Refraktionsprofile, die nördlich und südlich der Insel Puerto Rico gemacht wurden (Abb. 14 und 15). Auf Abb. 15 ist zu erkennen, daß im Süden vor der Insel Sedimentsgeschwindigkeiten von 1,8, 2,2 und 3,6 km/s auftreten. Im Graben existiert auch eine Schicht mit $v_p = 3{,}5-4{,}5$ km/s, und beim Außenrücken wurde ebenfalls unter den lockeren Sedimenten (2,0 km/s) ein Material mit einer Longitudinalwellengeschwindigkeit von 4,5 bis 5,5 km/s ermittelt.

M. Talwani, G. H. Sutton und J. L. Worzel [15] beschreiben und diskutieren ebenfalls Refraktions- und Gravitationsmessungen im Gebiet des Puerto-Rico-Grabens. Die Lage der Meßstationen zeigt Abb. 16, und die Ergebnisse der Refraktionsmessungen sind aus Tab. 10 zu entnehmen.

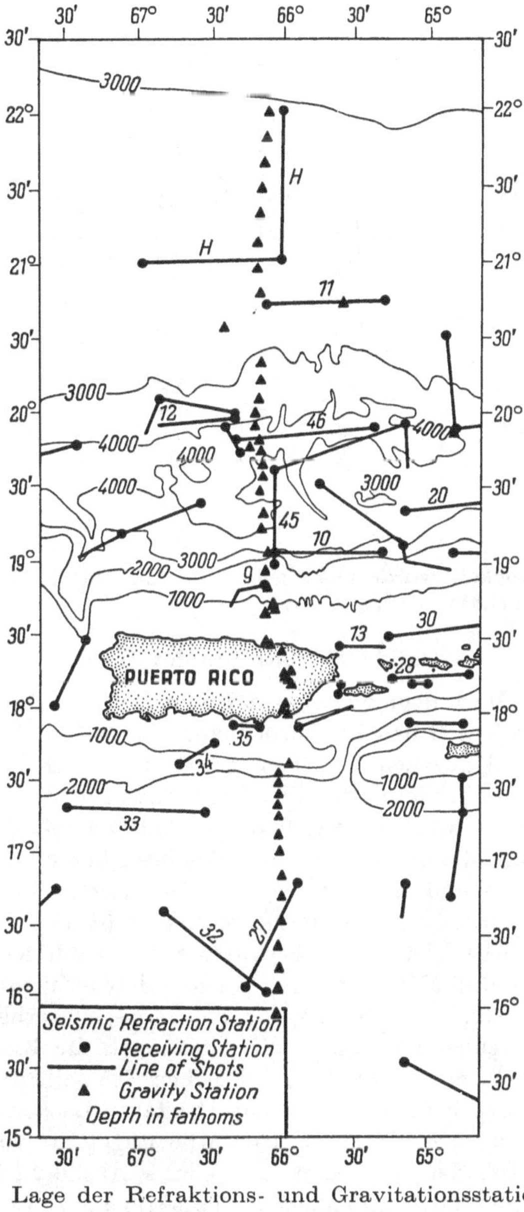

Abb. 16. Lage der Refraktions- und Gravitationsstationen [15]

Tabelle 10

Longitudinalwellengeschwindigkeiten in km/s. Vgl. Abb. 16

Refrakt.-Station	Unverfest. Sedimente	Verfest. Sedimente (vulkan. ?)	Low-velocity basement	High-velocity basement	Mantel
H	1,7*		4,3*	6,6	7,9
11	1,8*		5,4*	7,2	8,3
12	1,8*		4,1	7,0	8,7
46		3,4		6,3	7,9
45	1,8*	4,1	5,2	6,7	
10		3,8*	5,3	7,3	
9	1,8*	3,8*	5,3	7,3	
13		3,8	5,6	6,5	
35	2,0		5,2		
34	1,9*	3,8	4,8		
33		3,2	5,1	6,9	7,8
27	1,8*	3,3	6,5	7,1	7,9
32	1,9*	3,8	6,7	6,7	8,0
20				6,8*	8,4
30			5,8	7,0	
28			5,7	6,6	

* Die Geschwindigkeit wurde nicht gemessen. Sie wurde für die Mächtigkeitsberechnung der Schichten vorausgesetzt.

6.3.6. Das Karibische Meer

Das Karibische Meer liegt zwischen Mittelamerika im Südwesten und den Großen und Kleinen Antillen im Norden und Nordosten. Es wird im Süden durch den südamerikanischen Kontinent begrenzt und ist durch den Panama-Kanal mit dem Pazifik, durch die Yukatan-Straße mit dem Golf von Mexiko und durch zahlreiche Straßen zwischen den Antillen mit dem Atlantik verbunden. Durch den Jamaica-Rücken wird das Meer in ein westliches Gebiet — das Yukatan-Meer — und in ein östliches — die Cayman-See — geteilt.

Das Bodenrelief des Karibischen Meeres ist recht unregelmäßig, denn es wechseln beträchtliche Tiefen bis über 7000 m mit zahlreichen Bänken. Der tiefe zentrale Teil des Meeresbodens ist mit Globigerinenschlamm bedeckt, während in den Küstengebieten terrigene Ablagerungen vorherrschen. Refraktionsseismische Messungen haben gezeigt, daß auch die Krustenstruktur besonders in dem westlichen Teil der Karibischen See sehr unterschiedlich ist. Die Becken, z. B. das Kolumbien- und das Yukatan-Becken (Abb. 17), zeigen verhältnismäßig gute ozeanische Strukturen im Gegensatz zu den submarinen Rücken (unterer Teil der Kontinentalschwelle, s. Abs. 6.2.1.1.), welche meist Strukturen mit sehr kontinentähnlichem Charakter aufweisen.

Der Cayman-Graben ist ein relativ schmaler Streifen mit großer Wassertiefe und einer dünnen Krustenschicht. Er wird nach Norden durch den Cayman-Rücken und nach Süden durch die Nicaragua-Schwelle begrenzt.

Ewing und Worzel [87] erbrachten geophysikalische Daten dieses Gebietes aus Gravitationsprofilen. Der Mantel beginnt unter dem Graben in 10 bis 11 km Tiefe und in den Becken bei 15 bis 20 km. Unter dem Außenrücken taucht er bis auf 20 bis 25 km ab. Die durchschnittliche Wassertiefe beträgt 4 km in dem Yukatan- und Kolumbien-Becken, 5 km im Cayman-Graben und 7 km in der Bartlett-Tiefe.

Abb. 17. Westlicher Teil des Karibischen Meeres.
Die Kreuze bezeichnen die Orte der Refraktionsprofilnahme
(Ewing u. a. [88], vgl. Tab. 11)

Seismische Messungen im Ostteil der Karibischen See haben gezeigt [81], daß in großen Gebieten die Karibische Kruste verdickt ist und besonders in den oberen Teilen geringere Geschwindigkeiten als normal auftreten. Die Zone mit der Longitudinalwellengeschwindigkeit von 3,2 bis 4,5 km/s, die über der ozeanischen Schicht liegt, konnte, wie in vielen Teilen des Atlantiks, auch hier nachgewiesen werden [81]. Ewing u. a. [81] glauben, daß diese Schicht ein Ergebnis von umfangreichem Vulkanismus und Intrusionen ist. Das Material ist eine Mischung von vulkanischer Asche, Tuffen, Breccien und mehr oder weniger verfestigten Sedimenten. Auch in der Nähe der Bermudas wurde diese Lage unter den lockeren Sedimenten gefunden [4].

Daten der Krustenstruktur sind aus refraktionsseismischen Messungen in Tab. 11 zusammengestellt.

Tabelle 11
Karibisches Meer

Gebiet (siehe Kreuze auf Abb. 17)	Wasser	Sedimente		„Basement“		„Gabbroschicht“		„Mantel“	MD	Lit.
	km	km	km/s	km	km/s	km	km/s	km/s	km	
Yukatan-Becken	4,45	1,0 1,9	2,1 3,9	—	—	6,1	6,6	8,1	13	[88]
Cayman-Rücken	2,89	0,92	2,0	2,6	4,8	9,4	6,5 7,2	—	16	[88]
Cayman-Graben	5,41	0,49 0,37	2,1 3,3	1,2	4,7	3,4	6,6	8,1	11	[88]
Cayman-Graben	6,97	0,65 0,67	2,0 4,1	2,4	5,0	4,7	6,8	7,6	15	[88]
Nikaragua-Schwelle	1,39	1,0	2,0	3,2 4,5	4,8 5,5	—	6,7	—	—	[88]
Kolumbien-Becken	3,58	1,2	2,0	1,6	4,6	5,0 8,7	6,1 7,0	8,2	20	[88]
Kolumbien-Becken	3,27	0,43 2,3 4,1	1,8 2,1 3,5	—	—	5,6	6,8	7,8	16	[88]
Kolumbien-Becken	4,02	0,34	1,8	1,4	4,3	13,0	6,3	8,0	19	[14]
Venezuela-Becken	2,56	0,70 3,5	2,0 2,8	5,5	4,4	—	6,4	—	—	[88]
14° 30′ N; 59° 55′ W	3,14	0,86 2,67 3,8—5,09	1,74 2,73 3,35	—	—	—	6,17—6,88	—	—	[81]
Barbados	0,05	0,75 0,95	1,71 2,75 3,38	—	—	—	—	—	—	[80]
Nordöstl. von St. Lucia	0,08	0,05—0,13 0,77—0,96 0,41—0,88	1,76 2,68 3,44	0,62—2,49	4,40	—	6,31	—	—	[81]

Tabelle 12
Golf von Mexiko

Gebiet	Wasser	Sedimente		„Basement“		„Gabbroschicht“		Mantel	MD	Lit.
	km	km	km/s	km	km/s	km	km/s	km/s	km	
Campech-Bank	0,73	0,10	2,0	1,4	4,9	—	6,4	—	—	[88]
		1,9	3,4							
Sigsbee-Tiefe	3,76	0,38	1,9	4,6	5,0	2,6	7,1	8,3	16	[88]
		1,3	2,2							
		2,3	3,0							
		1,1	3,9							
Texas-Louisiana-Schelf	0,31	0,31	1,7	—	5,1	—	—	—	—	[88]
		1,2	2,2							
		5,5	2,9							
		4,3	3,6							
Campech-Bank	3,5—4,0	2	1,9—2,1	3—3,5	4,9—5,0	5,5	6,8—7,1	7,9	16,5—17,5	[13]
		2,5	2,5—3,4							

6.3.7. Der Golf von Mexiko

Der Golf von Mexiko liegt zwischen den Küsten von Nord- und Südamerika und wird im Südosten durch die Yukatan-Straße und die Insel Kuba begrenzt. Durch die bis zu 800 m tiefe Florida-Straße ist er mit dem Atlantik und durch die Yukatan-Straße mit dem Karibischen Meer verbunden. Die Ufer des Golfes haben ein breites Schelfgebiet mit großen Sedimentmächtigkeiten. Im zentralen Becken treten Tiefen über 2000 m auf. Das Bodenrelief ist ziemlich ruhig. Im zentralen Teil gibt es Gebiete, die mit Globigerinenschlamm bedeckt und durch Zwischenstreifen terrigener Ablagerungen abgegrenzt sind.

Die ozeanische Krustenstruktur im ozeanischen Becken des Golfs von Mexiko ist annähernd gewahrt. Die Schicht der verfestigten Sedimente und vulkanischen Gesteine ist mit einer weitaus dickeren lockeren Sedimentschicht bedeckt. Diese wird im nördlichen Teil, in der Golf-Küsten-Geosynklinalen, bis zu 14 km stark [88]. Die basaltische Schicht (6,8 km/s) und der Mantel liegen tiefer als

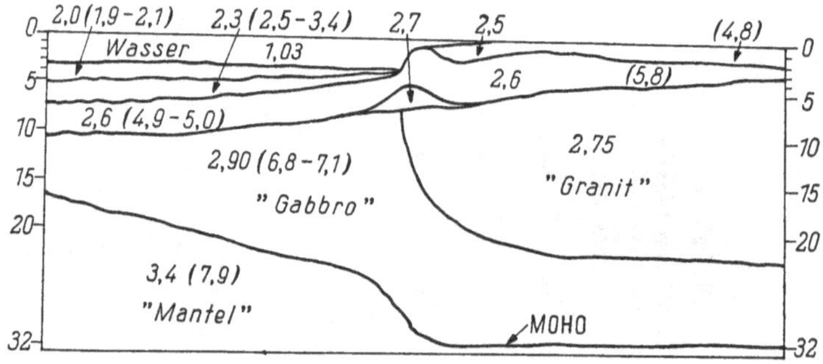

Abb. 18. Refraktionsdaten in der Nähe der Campech-Bank [13]

sonst in den Ozeanbecken; S. H. YUNGUL und P. DEHLINGER [13] beschreiben einen Krustenausschnitt, der aus Refraktionsmessungen von EWING u. a. 1960 [13] (s. Tab. 12) im Gebiet der Campech-Bank hervorgeht. Auffallend sind in diesem Fall die Schichten verhältnismäßig großer Mächtigkeit mit geringen Longitudinalwellengeschwindigkeiten (Abb. 18). Der Aufbau ergab sich wie folgt:

Wasser	3,5–4 km		$\varrho = 1{,}03$ g/cm³
Sedimente	2,0 km	$v_p = 1{,}9-2{,}1$ km/s	$\varrho = 2{,}0$ g/cm³
	2,5 km	$v_p = 2{,}5-3{,}4$ km/s	$\varrho = 2{,}3$ g/cm³
basaltisch	3–3,5 km	$v_p = 4{,}9-5{,}0$ km/s	$\varrho = 2{,}6$ g/cm³
Gabbro	5,5 km	$v_p = 6{,}8-7{,}1$ km/s	$\varrho = 2{,}9$ g/cm³
Mantel		$v_p = 7{,}9$ km/s	$\varrho = 3{,}4$ g/cm³

6.4. Ergebnisse aus Dispersionsuntersuchungen an Oberflächenwellen über den Aufbau der ozeanischen Erdkruste

Im Jahre 1948 veröffentlichten F. T. WILSON und O. BAYKAL [93] RAYLEIGH-Wellen-Dispersionsuntersuchungen für den Nordatlantik zur Bestimmung des ozeanischen Krustenaufbaus in diesem Gebiet. Zur Berechnung der theoretischen Vergleichskurven wurde ein einschichtiges Erdmodell gewählt, bei welchem der Untergrund von einer festen Schicht überlagert wird. Die Schichtparameter waren:

$$H_1 = 26 \text{ km}, \quad v_{s_1} = 4{,}0 \text{ km/s}, \quad v_{s_2} = 4{,}43 \text{ km/s},$$

$$\frac{\mu_2}{\mu_1} = \frac{10}{7} \quad \text{und} \quad \frac{\varrho_2}{\varrho_1} = \frac{7}{6}.$$

Der Einfluß der Wasserschicht auf die RAYLEIGH-Wellen-Dispersion blieb unberücksichtigt, und dies führte zu einer größeren Erdkrustenmächtigkeit.

M. EWING und F. PRESS [94] bearbeiteten die Ergebnisse von WILSON und BAYKAL unter Berücksichtigung des Einflusses der Wasserschicht auf die RAYLEIGH-Wellen-Dispersion. Ihre theoretischen Krustenmodelle bestehen im wesentlichen aus einer Flüssigkeitsschicht, die sich aus Wasser und lockeren Sedimenten zusammensetzt, eine Gesamtmächtigkeit H hat und den ultrabasischen Boden bedeckt. Die Daten sind:

1. $H_0 = 5{,}25$ km ; $v_0 = 1{,}52$ km/s ; $\varrho_0 = 1{,}0$ g/cm³ ; $v_s = 4{,}45$ km/s
   $v_p = 7{,}7$ km/s ; $\varrho = 3{,}0$ g/cm³
2. $H_0 = 5{,}45$ km ; $v_0 = 1{,}52$ km/s ; $\varrho_0 = 1{,}0$ g/cm³ ; $v_s = 4{,}35$ km/s
   $\varrho = 3{,}0$ g/cm³
3. $H_0 = 4{,}76$ km ; $v_0 = 1{,}52$ km/s ; $\varrho_0 = 1{,}0$ g/cm³ ; $v_s = 4{,}17$ km/s
   $\varrho = 3{,}0$ g/cm³

Für den Atlantischen Ozean führte der Vergleich der Beobachtungsresultate mit den theoretischen Kurven zu $H_0 = 5{,}25$ km. Da die durchschnittliche Wassertiefe entlang dem Wellenweg 4 km beträgt, ergibt sich eine Sedimentmächtigkeit von etwa 1,3 km.

JARDETZKY und F. PRESS [95] berechneten für drei verschiedene Erdkrustenmodelle die theoretischen Dispersionskurven.

1. $H_1 = H_0$; $H_2 = \infty$; $v_0 = 1{,}52$; $v_{P1} = 5{,}5$; $v_{P2} = 8{,}1$;
   $\varrho_1 = 2{,}67\,\varrho_0$; $\varrho_2 = 3{,}0\,\varrho_0$
2. H_0 ; $H_1 = \infty$; $v_0 = 1{,}52$; $v_{P1} = 7{,}90$; $\varrho_1 = 3{,}0\,\varrho_0$
3. $H_1 = H_0$; $H_2 = \infty$; $v_0 = 1{,}52$; $v_{P1} = 6{,}90$; $v_{P2} = 8{,}1$
   $\varrho_1 = 2{,}67\,\varrho_0$; $\varrho_2 = 3{,}0\,\varrho_0$

Das POISSONsche Verhältnis beträgt $\sigma = 0{,}25$. Die Indizes 0; 1; 2 beziehen sich auf die flüssige, die erste und zweite unterlagernde Schicht.

Die Fälle 1 und 3 sind zweischichtige Modelle, bei denen die Flüssigkeitsschicht der Mächtigkeit H_0 von einer gleichstarken festen Schicht unterlagert wird, die aber in beiden Fällen eine andere Wellengeschwindigkeit aufweist.

Der Fall 2 stellt das schon oben erwähnte Einschichtenmodell dar. Abb. 19 zeigt die theoretischen Dispersionskurven der RAYLEIGH-Wellen für die Fälle 1 und 3 für eine Flüssigkeitstiefe von 5,57 km.

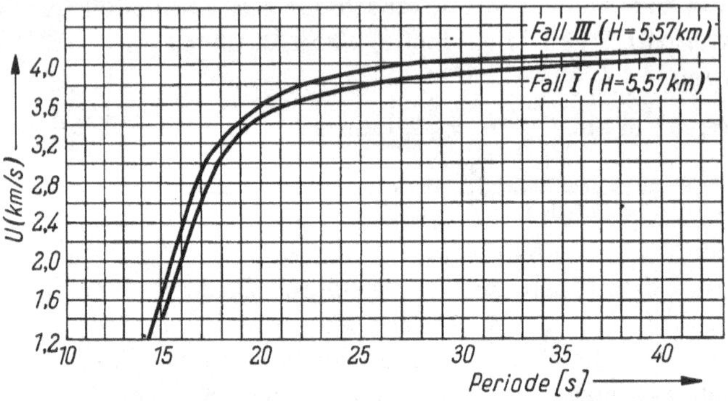

Abb. 19. Theoretische Gruppengeschwindigkeits-Dispersionskurven für RAYLEIGH-Wellen (nach JARDETZKY und F. PRESS [95])

Weiterhin untersuchten die Autoren den Unterschied zwischen den Kurven des 2. und 3. Typs, d. h. bei Vorhandensein der festen Schicht $H_0 = H_1 = 5{,}57$ km und bei ihrem Fehlen, wenn die Schichtparameter ansonst die gleichen sind. Eine Gegenüberstellung der beiden Kurven ergab, daß sie experimentell untereinander nicht verschieden sind. Daraus folgt, daß eine ozeanische Zwischenschicht, die die gleiche Mächtigkeit wie die sich über ihr befindende Flüssigkeit hat, unberücksichtigt bleiben kann. Die Fortpflanzung der RAYLEIGH-Wellen wird für den ozeanischen Teil der Erdkruste durch die Wirkung der Flüssigkeitsschicht (Wasser + Sediment), die den ultrabasischen Boden bedeckt, charakterisiert (s. Abschn. 6.3.1.). J. OLIVER u. a. [96] untersuchten auch den nördlichen Teil des Atlantiks, indem sie Registrierungen atlantischer Beben von den Stationen Palisades, Ottawa, Kew und Bermuda auswerteten. Als theoretische Vergleichskurven wurden hauptsächlich die für das Krustenmodell Fall 3 von JARDETZKY und F. PRESS [95] herangezogen. Sie benutzten Schichtdicken von 4,95 km, 5,25 km und 5,57 km (Abb. 20).

Abb. 20 zeigt, daß die empirischen Dispersionswerte der RAYLEIGH-Wellen gut mit den theoretischen Kurven des Typs 3 übereinstimmen. Der Wert 4,68 km/s für Transversalwellengeschwindigkeit des Untergrundes, der bei den Berechnungen für die theoretische Kurve benutzt wurde, liegt etwas zu hoch, denn die Werte der beobachteten Geschwindigkeiten übersteigen für Perioden > 20 Sekunden die theoretischen.

Die Dispersionskurven der LOVE-Wellen wurden für ein Modell berechnet, das ebenfalls dem Fall 3 [95] entspricht, jedoch mit einem POISSONschen Verhältnis von $\sigma = 0{,}27$ und einer Schichtdicke $H = 5{,}6$ km.

Die Sedimentmächtigkeiten konnten mit Hilfe der kurzperiodischen RAYLEIGH-Wellen bestimmt werden. Die empirischen Werte verglich man mit den theoretischen des Typs 2 [95]. Die Mächtigkeit der Sedimentschicht ergab sich daraus zu 0,5 bis 0,6 km im Atlantik. Nur ein Wert von 1,1 km wurde ermittelt, was auf einen großen Anteil des Mittelatlantischen Rückens am Wellenweg zurückgeführt wird.

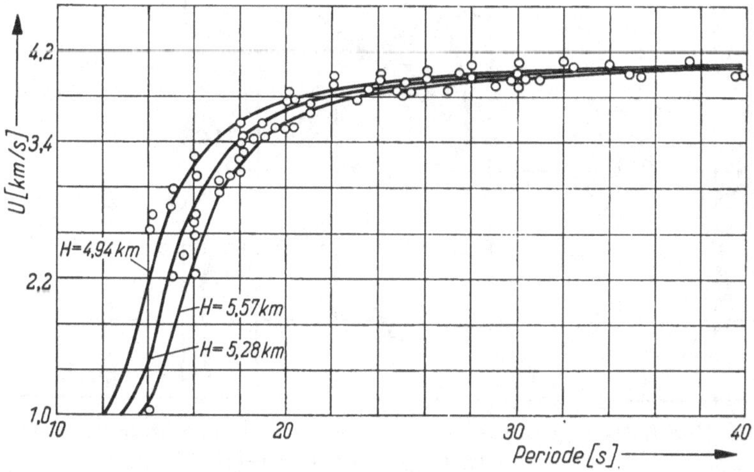

Abb. 20. RAYLEIGH-Wellen-Dispersion, Atlantik (nach OLIVER u. a. [96])

Den Ostteil des Atlantiks untersucht H. BERCKHEMER [97] mit Hilfe der Dispersion von RAYLEIGH-Wellen, die sich von verschiedenen Erdbeben im Mittelatlantischen Rücken zu den Stationen Lissabon, Kew und M'Bour (Senegal) fortgepflanzt haben (Abb. 21).

Abb. 22 zeigt die empirischen Dispersionswerte der vier Wellenwege verglichen mit theoretischen Kurven für die folgenden drei Fälle:

1. $H_0 = 4{,}8$; $v_0 = 1{,}52$; $H_1 = 4{,}8$; $v_{p1} = 6{,}9$; $H_2 = \infty$; $v_{p2} = 8{,}1$

2. $H_0 = 5{,}3$; $v_0 = 1{,}52$; $H_1 = 5{,}3$; $v_{p1} = 6{,}9$; $H_2 = \infty$; $v_{p2} = 8{,}1$

3. $H_0 = 5{,}1$; $v_0 = 1{,}52$; $H_1 = 10{,}2$; $v_{p1} = 5{,}5$; $H_2 = \infty$; $v_{p2} = 8{,}1$

Die empirischen Dispersionspunkte der Wege 1 und 4 stimmen gut mit der Kurve des Modelltyps 2 überein, während die Punkte für die Wege 2 und 3 zu den geringeren Schichtstärken des Modells 1 tendieren. Die Wege 2 und 3 durchlaufen auch wirklich keine Tiefseegebiete (s. Abb. 11), sondern nur größere Teile

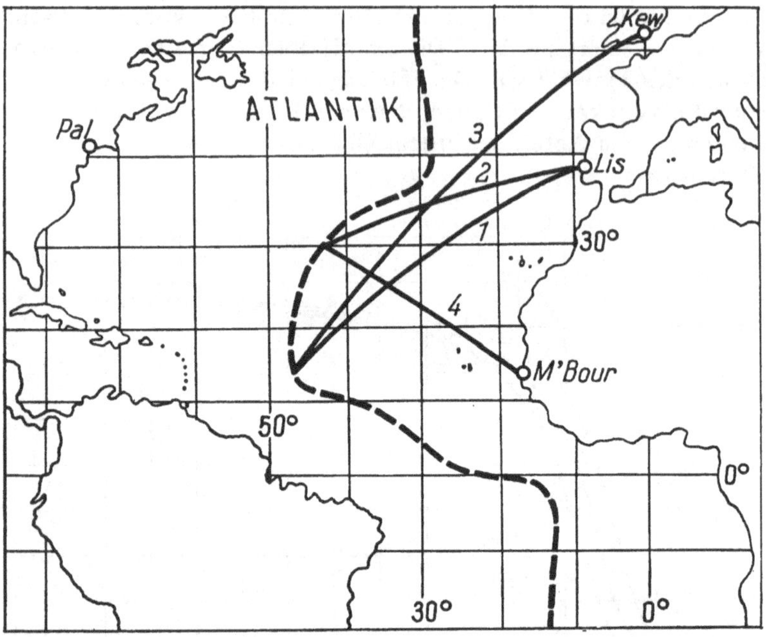

Abb. 21. Von H. BERCKHEMER untersuchte Wellenwege durch den Ostatlantik (nach H. BERCKHEMER [97])

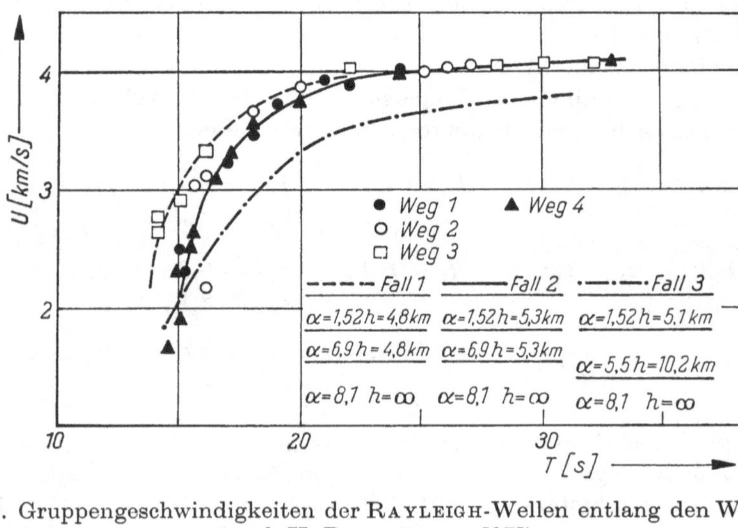

Abb. 22. Gruppengeschwindigkeiten der RAYLEIGH-Wellen entlang den Wegen 1–4 (nach H. BERCKHEMER [97])

der Flankenprovinzen des Mittelatlantischen Rückens und die kontinentale Randzone. Die Mächtigkeiten der lockeren Sedimente sind für den

Weg 1 = 0,55 km , Weg 3 = 0,6 km ,

Weg 2 = 1,2 km , Weg 4 = 0,9 km .

Diese Ergebnisse stehen nicht im Widerspruch zu denen der angewandten Forschung in diesem Gebiet.

Weitere Erdkrustenmodelle, die zur Erforschung der ozeanischen Kruste mit Hilfe der RAYLEIGH-Wellen-Dispersion von verschiedenen Autoren benutzt wurden, sind aus Tab. 13 zu entnehmen.

F. NOYER [99] betrachtet die LOVE-Wellen-Dispersion der kurzperiodischen Wellen, allerdings für pazifische Wege, was nicht direkt in den Rahmen dieser Arbeit hineinpaßt. Aber das Prinzipielle der LOVE-Wellen-Dispersion bleibt erhalten, da es sich ebenfalls um ozeanische Wellenwege handelt.

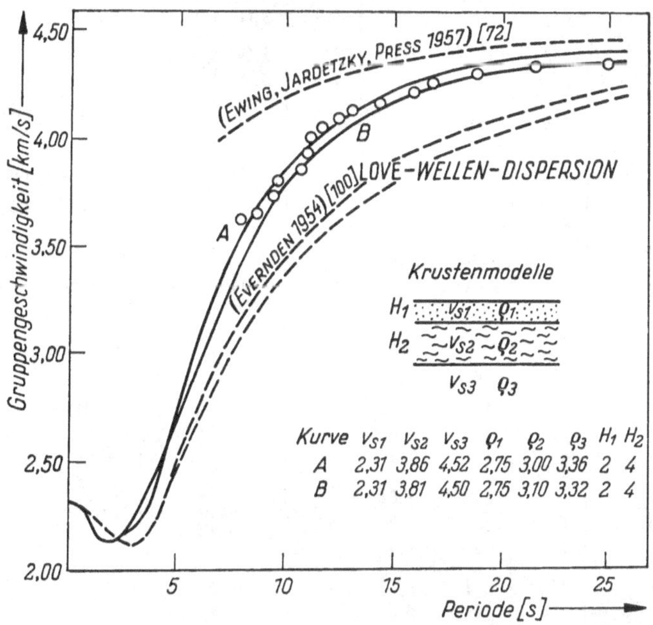

Abb. 23. LOVE-Wellen-Dispersion (Nordpazifik); v_s (km/s); ϱ (g/cm³); H (km) (nach F. NOYER [99])

Auf Abb. 23 sind die Kurven von J. F. EVERNDEN [100] für ein Krustenmodell dargestellt, das sich aus einem 2,5 km mächtigen Material mit einer Schergeschwindigkeit von 2,31 km/s, einer 11 km mächtigen Schicht mit v_s = 3,86 km/s und dem Halbraum mit v_s = 4,52 km/s zusammensetzt.

Die Kurve berechnete F. NOYER unter Benutzung der Geschwindigkeitswerte von J. F. EVERNDEN [100], indem er die Schichtdicken als Parameter betrachtet.

Tabelle 13

Krustenmodelle zur Berechnung der theoretischen RAYLEIGH-Wellen-Dispersion

Schicht	H	Mächtigkeit	v_p	v_s	ϱ	σ	Verfasser	Lit.
		km	km/s	km/s	g/cm³			
Wasser + Sediment (unverfest.)	H_0	5,6	1,52					
Sed. (verfest.) + basische Schicht	H_1	5,6	6,9	3,5		0,27	J. OLIVER, M. EWING, F. PRESS	[96]
Halbraum	H_2	∞	8,1	4,5				
Wa + Sed.(u)	H_0	5,25	1,52		1,0		M. EWING, F. PRESS	[94]
Halbraum	H_1	∞	7,7	4,45	3,0			
Wa + Sed.(u)	H_0	5,45	1,52		1,0		do.	[94]
Halbraum	H_1	∞		4,35	3,0			
Wa + Sed.(u)	H_0	4,76	1,52		1,0		do.	[94]
Halbraum	H_1	∞		4,17	3,0			
Wa + Sed.(u)	H_0	5,57	1,52				W. JARDETZKY, F. PRESS	[95]
Ozean. Zwischenschicht	H_1	5,57	6,9		2,67	0,25		
Halbraum	H_2	∞	8,1		3,0			
Wa + Sed.(u)	H_0	5,57	1,52				do.	[95]
Ozean. Zwisch.	H_1	5,57	5,5		2,67	0,24		
Halbraum	H_2	∞	8,1		3,0			
Wa + Sed.(u)	H_0	5,57	1,52				do.	[95]
Halbraum	H_1	∞	7,90		3,0	0,25		
Wa + Sed.(u)	H_0	4,8	1,52				H. BERCKHEMER	[97]
Ozean. Zwisch.	H_1	4,8	6,9					
Halbraum	H_2	∞	8,1					
Wa + Sed.(u)	H_0	5,3	1,52				do.	[97]
Ozean. Zwisch.	H_1	5,3	6,9					
Halbraum	H_2	∞	8,1					
Wa + Sed.(u)	H_0	5,1	1,52				do.	[97]
Ozean. Zwisch.	H_1	10,2	5,5					
Halbraum	H_2	∞	8,1					
Wa + Sed.(u)	H_0	9	1,52				D. H. SHURBET	[12]
Zwischenschicht	H_1	10	5,5					
Halbraum	H_2	∞	8,1					

Die Kurve B veranschaulicht eine Gruppengeschwindigkeitsdispersionskurve für die gleichen Schichtdicken wie bei A, nur mit abweichenden Schergeschwindigkeiten.

Für ein Einschichtenmodell ist eine Kurve von M. EWING, JARDETZKY, F. PRESS [72] zum Vergleich angegeben. Die Dispersionsuntersuchungen von

F. NOYER zeigen eine Gesamtkrustendicke von 6 km für den Nordpazifik, was gut mit den Refraktionsergebnissen von R. W. RAITT [75] übereinstimmt. Besonders stark wird die LOVE-Wellen-Dispersion durch die „Low-velocity"-Schichten der ozeanischen Kruste beeinflußt.

Bemerkungen zu der Arbeit von F. NOYER

J. F. EVERNDEN [100] und F. NOYER [99] setzen die über dem Halbraum liegenden Schichten mit Geschwindigkeiten an, die kleiner sind als die sonst für die Untersuchung der RAYLEIGH-Wellen-Dispersion in der Literatur benutzten. Sie untersuchen aber die kurzperiodischen LOVE-Wellen, die besonders stark durch die von ihnen mit 2 km Mächtigkeit beschriebene Schicht beeinflußt werden. In der vorliegenden Arbeit werden aber Wellen mit Perioden von etwa 15 bis 30 s betrachtet, die besonders durch ihre Dispersion eine zweite „ozeanische Schicht" unter Berücksichtigung der geringen Geschwindigkeiten der ihr überlagerten Schichten (s. Abb. 24) charakterisieren. Deshalb liegen die empirischen Werte gegenüber denen von NOYER und EVERNDEN (in Richtung zu wachsenden Perioden hin verschoben) tiefer.

EWING, JARDETZKY und PRESS [72] setzen die feste Krustenschicht mit $H = 6$ km an, wählen aber die Schergeschwindigkeit in der Schicht noch ziemlich groß. Deshalb liegt die Kurve auf Abb. 23 so hoch. Das von ihnen benutzte Modell zur Berechnung der theoretischen LOVE-Wellen-Dispersion lautet: $H_1 = 6$ km; $v_{s1} = 3{,}71$ km/s; $v_{s2} = 4{,}50$ km/s und $\mu_2 = 1{,}76\ \mu_1$.

Tabelle 14
Theoretische Krustenmodelle zur Berechnung der theoretischen LOVE-Wellen-Dispersion

Schicht	H	Mächtigkeit	v_p	v_s	ϱ	Verfasser	Lit.
		km	km/s	km/s	g/cm³		
1. Schicht	H_1	2,6		2,31	2,75	J. F. EVERNDEN	[100]
2. Schicht	H_2	11		3,86	3,00		
Halbraum	H_3	∞		4,52	3,36		
1. Schicht	H_1	2		2,31	2,75	F. NOYER	[99]
2. Schicht	H_2	4		3,86	3,00		
Halbraum	H_3	∞		4,52	3,36		
1. Schicht	H_1	2		2,31	2,75	do.	[99]
2. Schicht	H_2	4		3,81	3,10		
Halbraum	H_3	∞		4,50	3,32		

6.5. Aufstellung eines theoretischen Erdkrustenmodells

Die theoretischen Dispersionskurven der RAYLEIGH- bzw. der LOVE-Wellen charakterisieren die Ausbreitung dieser Oberflächenwellen in einem bestimmten theoretischen Erdkrustenmodell. Dieses Modell, das für einen bestimmten

Wellenweg aufgestellt wird, muß weitgehend den wirklichen Verhältnissen entsprechen, um eine größtmögliche Übereinstimmung der empirischen Dispersionswerte mit den theoretischen zu erreichen. Abweichungen der empirischen Werte von den theoretischen weisen auf Abweichungen des wirklichen Aufbaus der Erdkruste entlang dem Wellenweg von dem theoretisch angenommenen hin.

Da die theoretischen Kurven nicht eindeutig auf Grund der vielen in die Berechnung eingehenden Parameter für ein Krustenmodell stehen, ist es zweckmäßig, die Ergebnisse der angewandten Forschung bei der Aufstellung des theoretischen Krustenmodells zu berücksichtigen, damit grobe Irrtümer weitgehend ausgeschlossen werden. Aus diesem Grund wurden in Abs. 6.3. so eingehend die refraktionsseismischen Messungen entlang dem Wellenweg zusammengestellt. Diese Ergebnisse, die immer nur für ein kleines begrenztes Gebiet innerhalb des gesamten Wellenweges gelten, ergeben aber, zusammenfassend betrachtet, die Voraussetzung zur Aufstellung eines sinnvollen theoretischen Erdkrustenmodells.

6.5.1. Zusammenfassung und Diskussion bisheriger Ergebnisse

Die Dispersionsuntersuchungen, die im Abs. 6.3. angeführt wurden, weisen insgesamt etwa auf eine ozeanische Krustenstruktur hin, die durch eine „Flüssigkeitsschicht", eine typische „ozeanische Schicht" und den Untergrund (Halbraum) gekennzeichnet ist. Die Kompressionswellengeschwindigkeit der „ozeanischen Schicht" wird mit 6,9 km/s angesetzt und nur selten mit einem geringeren Wert, obwohl, wie die Ergebnisse refraktionsseismischer Messungen im Atlantik deutlich zeigen (s. Abs. 6.3.), in vielen Fällen Schichten mit Longitudinalwellengeschwindigkeiten von 2,0 bis 5,9 km/s über der „ozeanischen Schicht" (6,9 km/s) lagern. Sie sind als lockere, halbverfestigte, verfestigte Sedimente und als vulkanisches Material ausgeschieden. Diese Lagen sind durchaus nicht so dünn, daß sie vernachlässigt werden können (Abb. 24).

Die Refraktionsmessungen zeigen, daß die „ozeanische Zwischenschicht" im Durchschnitt erst bei 6 bis 8 km unter der Meeresoberfläche beginnt und 3 bis 5 km mächtig ist. Darunter beginnt der Erdmantel (in 10 bis 15 km Tiefe), der sich in dieser Tiefe vorwiegend aus peridotitischem Material mit einer Longitudinalwellengeschwindigkeit von rund 8 km/s zusammensetzt.

Die Wassertiefe beläuft sich auf einen Durchschnittswert von 4 km, so daß bei den Dispersionsuntersuchungen (s. Abs. 6.4.) die Schichten von 2 bis 4 km Mächtigkeit, die zwischen der Wasser- und der „ozeanischen" Schicht liegen und weitaus geringere v_p-Werte als 6,9 km/s aufweisen, vollkommen unberücksichtigt blieben. Diese Tatsache wirkt sich bei dem in dieser Arbeit untersuchten Wellenweg dahingehend aus, daß die empirischen Dispersionswerte weit unter den oben benutzten theoretischen liegen (Abb. 25). Das weist auf geringere Geschwindigkeiten in den Schichten hin, zumal der Anteil der kontinentalen Schelfgebiete mit großen Sedimentmächtigkeiten und der Anteil der kontinentalen Kruste selbst mit geringeren Geschwindigkeiten in den oberen Bereichen keine unbedeutende Rolle spielen.

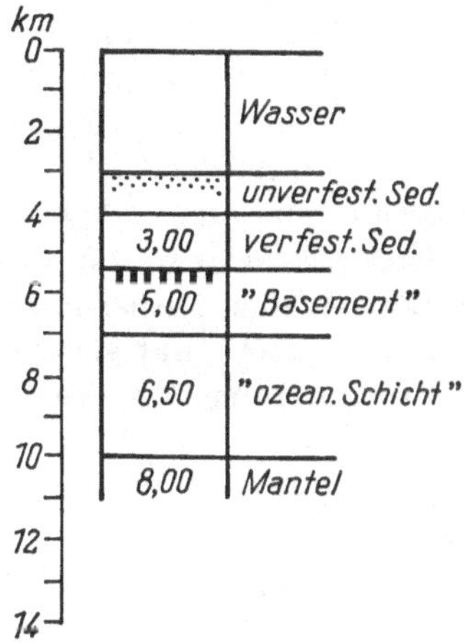

Abb. 24. Schematischer Strukturausschnitt der ozeanischen Kruste (nach Houtz und Ewing [91])

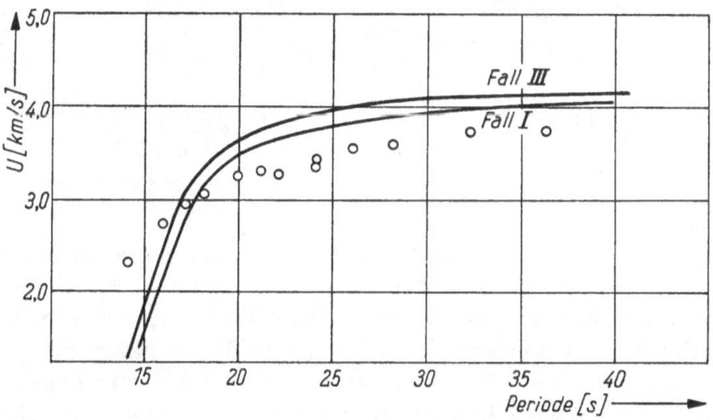

Abb. 25. Empirische Dispersionswerte der Rayleigh-Wellen von mittel- und südamerikanischen Beben, verglichen mit den theoretischen Kurven von Jardetzky und F. Press [95])

Die erste Schicht der theoretischen Erdkrustenmodelle, die von den in Abs. 6.4. genannten Verfassern aufgestellt wird, ist eine „Flüssigkeitsschicht", die sich aus Wasser und lockeren Sedimenten zusammensetzt. Da die lockeren Sedimente nur wenig vom Wasser abweichende v_p-Werte besitzen und außerdem die Mächtigkeit dieser Schicht nicht besonders groß ist, ist der dadurch auftretende Fehler bei der Rayleigh-Wellen-Dispersion kaum zu erfassen. Nun werden aber, um Aussagen über den Krustenaufbau machen zu können, auch die LOVE-Wellen untersucht. Auf die Dispersion dieser Wellen hat die Wasserschicht jedoch keinen Einfluß, so daß das theoretische Erdkrustenmodell für die theoretischen LOVE-Wellen-Dispersionskurven immer eine Schicht weniger hat als für die Dispersion der RAYLEIGH-Wellen. Hier wird unter Beibehaltung aller anderen Parameter die „Flüssigkeitsschicht" fortgelassen. Doch durch die Vernachlässigung dieser Schicht bleiben gleichzeitig die lockeren Sedimente unberücksichtigt (Abb. 26), die aber auf die Ausbreitung der LOVE-Wellen einen großen Einfluß haben. Es kommt zu keiner Übereinstimmung der empirischen Dispersionswerte mit den theoretischen. In der Literatur werden sehr selten sowohl RAYLEIGH- als auch LOVE-Wellen-Dispersion für die Interpretation eines Wellenweges herangezogen. Man beschränkt sich entweder auf das eine oder das andere, weil eine Übereinstimmung der Ergebnisse meist nicht gewährleistet ist.

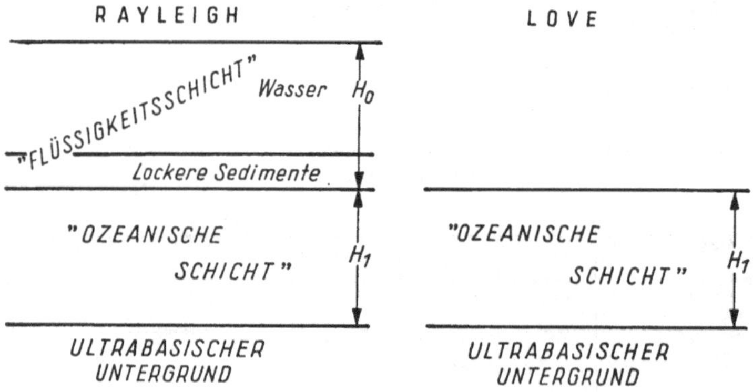

Abb. 26. Erdkrustenmodelle unter Annahme einer „Flüssigkeitsschicht" und einer „ozeanischen Schicht", die über einem ultrabasischen Halbraum liegen

Nach JARDETZKY und F. PRESS [95] charakterisiert die RAYLEIGH-Wellen-Ausbreitung in der ozeanischen Kruste die sogenannte „Flüssigkeitsschicht", die den ultrabasischen Boden bedeckt. Denn die „ozeanische Schicht" kann vernachlässigt werden, wenn sie etwa die gleiche Mächtigkeit wie die „Flüssigkeitsschicht" hat (s. Abs. 6.4.). Benutzt man aber dieses Erdmodell zur Untersuchung der LOVE-Wellen-Dispersion, so wird auch noch die „Flüssigkeitsschicht" aus obengenannten Gründen weggelassen. Schließlich bleibt nur noch der Halbraum übrig, der aber keine Aussagen mehr über den Aufbau der Erdkruste gestattet, da seine Schichtparameter ja schon den oberen Teil des Erdmantels charakterisieren.

6.5.2. Das in der vorliegenden Arbeit aufgestellte theoretische Erdkrustenmodell

In der vorliegenden Arbeit wurde jetzt eine auf Abb. 27 dargestellte Schichteinteilung gewählt, um bei Beibehaltung aller übrigen Schichtparameter die lockeren Sedimente bei der LOVE-Wellen-Dispersion nicht zu vernachlässigen.

Die Schicht H_0 besteht nur aus Wasser. Dadurch verringert sich ihre Mächtigkeit auf etwa 4 km, was als Durchschnittswert für die Wassertiefe auch gut mit den refraktionsseismischen Messungen übereinstimmt. Die lockeren Sedimente der ehemaligen ,,Flüssigkeitsschicht" sind nun in der Schicht H_1 enthalten und führen zu einer Vergrößerung der Mächtigkeit. Diese Schicht setzt sich jetzt aus lockeren, halbverfestigten, verfestigten Sedimenten, vulkanischem Material und der sogenannten ,,Gabbro-Schicht" zusammen. Die v_p-Werte für die eben genannten Lagen sind ungefähr: 1,9; 2,5; 3,5; 4,5 und 6,9 km/s. Unter Berücksichtigung der niedrigen Geschwindigkeiten der über der ,,Gabbro-Schicht" sich befindenden Lagen wurde für die Schicht H_1 ein geringerer v_p-Wert als meist in der Literatur üblich angesetzt, zumal bei dem zu untersuchenden Wellenweg der kontinentale Einfluß nicht vernachlässigt werden kann.

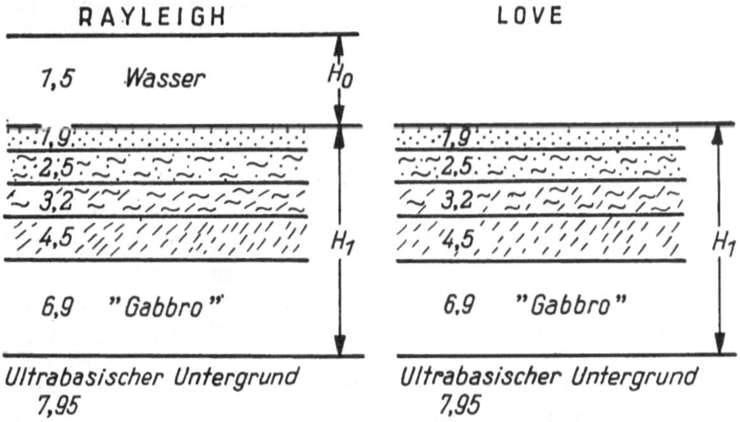

Abb. 27. Schichteinteilung für das in dieser Arbeit benutzte Krustenmodell. Die Zahlen sind die v_p-Werte für die einzelnen Lagen, die als Ergebnisse aus den Refraktionsuntersuchungen hervorgingen

Die Schicht H_1 wird durch die Mohorovičić-Diskontinuität zum oberen Teil des Erdmantels hin begrenzt, so daß durch diese Wahl des Schichtenaufbaus mit Hilfe der folgenden Dispersionsuntersuchungen Aussagen über die Wasserschicht H_0, die Schicht H_1 als Ganzes und damit über die Gesamtmächtigkeit der Erdkruste gemacht werden können. Die einzelnen Lagen von H_1 können nicht unmittelbar aus Ergebnissen der Dispersionsuntersuchungen hervorgehen.

Nach den eben genannten Gesichtspunkten wurde ein theoretisches Erdkrustenmodell aus der Literatur ausgewählt, für welches ebenfalls sowohl Rayleigh- als auch Love-Wellen-Dispersionskurven mit ihren Werten tabellarisch erfaßt sind. Abb. 28 zeigt dieses Modell, wie es in einer Arbeit von R. Yamaguchi und T. Kizawa [98] beschrieben ist. Dieses Modell gibt natürlich nur eine Annäherung an die wirklichen Verhältnisse, die auf dieser großen Entfernung vom Karibischen Raum nach Mitteleuropa ständig wechseln. Es soll nur ein regionaler Überblick sein, der einzelne Veränderungen in kleineren Gebieten nur als Mittel erfaßt. Aus diesem Grunde wurden in Abs. 6.3. so eingehend Krustendaten aus der angewandten Forschung zusammengetragen.

RAYLEIGH~				LOVE~		
H	v_p	v_s	ϱ	H	v_s	ϱ
H_0	1,50		1,00			
H_1	4,00	2,31	2,80	H_1	2,31	2,80
	7,95	4,56	3,00		4,59	3,00

Abb. 28. Krustenmodell für die in dieser Arbeit benutzten theoretischen Dispersionskurven (nach R. YAMAGUCHI und T. KIZAWA [98])

7. Die theoretischen Dispersionskurven

Für das in Abb. 28 dargestellte Erdkrustenmodell des ozeanischen Typs haben R. YAMAGUCHI und T. KIZAWA [98] die Werte zur Berechnung theoretischer Dispersionskurven für RAYLEIGH- und LOVE-Wellen tabellarisch zusammengestellt. Für die RAYLEIGH-Wellen werden bestimmte feste Schichtmächtigkeitsverhältnisse angegeben. Das bedeutet, daß das Verhältnis der „ozeanischen Schicht H_1“ zur Wasserschicht H_0 einen konstanten Wert hat, für welchen dann unter Berücksichtigung dieser Bedingung des Verhältnisses $\frac{H_1}{H_0}$ die Schichtdicken von H_0 bzw. H_1 beliebig variiert werden können. Es sind die Verhältnisse

$$\frac{H_1}{H_0} = 0{,}5;\ 1{,}0;\ 1{,}5;\ 2{,}0;\ 3{,}0;\ 3{,}5;\ 4{,}0;\ 4{,}5 \text{ und } 5{,}0$$

zur Berechnung der Dispersionskurven angegeben.

Für die Wassermächtigkeit ist der Wert 4 km ein guter Mittelwert, was auch aus den Ergebnissen der refraktionsseismischen Messungen im Atlantik hervorging. Die Schicht H_1, die sich, wie oben beschrieben wurde (s. Abs. 6.5.2.), aus mehr oder weniger verfestigten Sedimenten, aus dem sogenannten „Basement“ und aus der „Gabbroschicht“ zusammensetzt, wurde mit $H_1 = 6$ km und $H_1 = 8$ km angesetzt, worin etwa 1 bis 2 km Sedimente, 3 bis 4 km „Gabbroschicht“ und der jeweilige Rest das „Basement“ sind. Daraus ergab sich die Auswahl der zu benutzenden Verhältnisse von

$$\frac{H_1}{H_0} = \frac{6}{4} = \underline{\underline{1{,}5}} \quad \text{und} \quad \frac{H_1}{H_0} = \frac{8}{4} = \underline{\underline{2{,}0}}\ !$$

Zur Berechnung der theoretischen LOVE-Wellen-Dispersionskurven brauchten diese konstanten Verhältnisse nicht berücksichtigt zu werden, da die Wasserschicht H_0 ohne Einfluß auf die Ausbreitung dieser Wellen ist. Somit besteht das Krustenmodell nur noch aus der Schicht H_1 und dem Halbraum. Die Schicht H_1 wurde mit 7 km und 8 km Mächtigkeit angesetzt.

Nun sind in den Tabellen von R. Yamaguchi und T. Kizawa [98] die Phasengeschwindigkeiten enthalten. Zur Berechnung der Gruppengeschwindigkeits-Dispersionskurven sind aber die Gruppengeschwindigkeiten erforderlich. Diese folgen aus der Beziehung (s. Abs. 2.3.4.)

$$u = v - L \frac{dv}{dL}$$

durch numerische Differentiationen. Das Rechenschema und die Berechnung der Kurvenpunkte aus den in der Tabelle enthaltenen Werten sind aus den Anlagen I und II im Anhang zu entnehmen. Die Perioden T berechnen sich aus der Beziehung $T = L/v$. L ist die Wellenlänge und v die Phasengeschwindigkeit. Die berechneten Dispersionskurven für die Rayleigh- und Love-Wellen sind auf den Abb. 29 und 30 dargestellt. Diese Kurven werden bei der Diskussion der empirischen Dispersionswerte im Abs. 8 als Vergleichskurven benutzt.

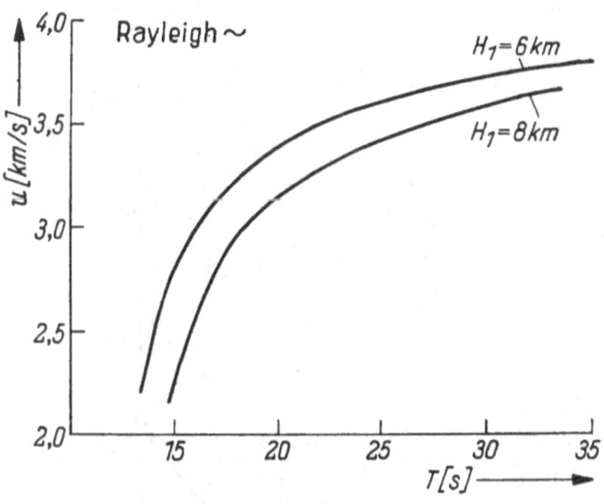

Abb. 29. Theoretische Gruppengeschwindigkeits-Dispersionskurven der Rayleigh-Wellen für $H_0 = 4$ km; $H_1 = 6$ km und $H_0 = 4$ km; $H_1 = 8$ km

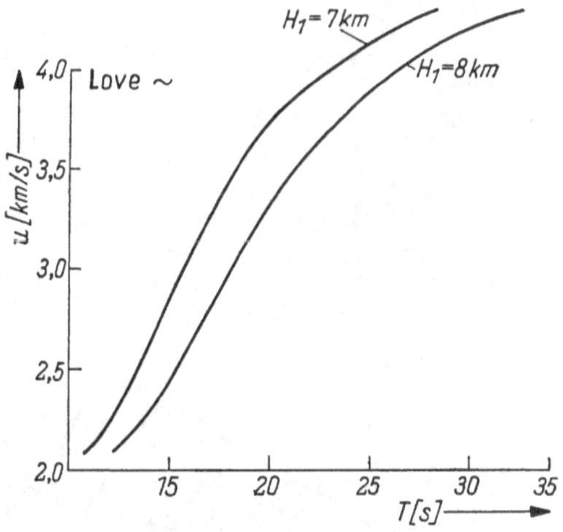

Abb. 30. Theoretische Gruppengeschwindigkeits-Dispersionskurven der Love-Wellen für $H_1 = 7$ km und $H_1 = 8$ km

8. Dispersionsuntersuchungen und Diskussion der Ergebnisse

8.1. Herdgebiet Antillen

Bei den betrachteten Beben wurden auf der EW- und z-Komponente die Rayleigh-Wellen und auf der NS-Komponente die Love-Wellen ausgewertet. Die Azimutabweichungen von der EW-Richtung sind kleiner als 30°. Bei dem

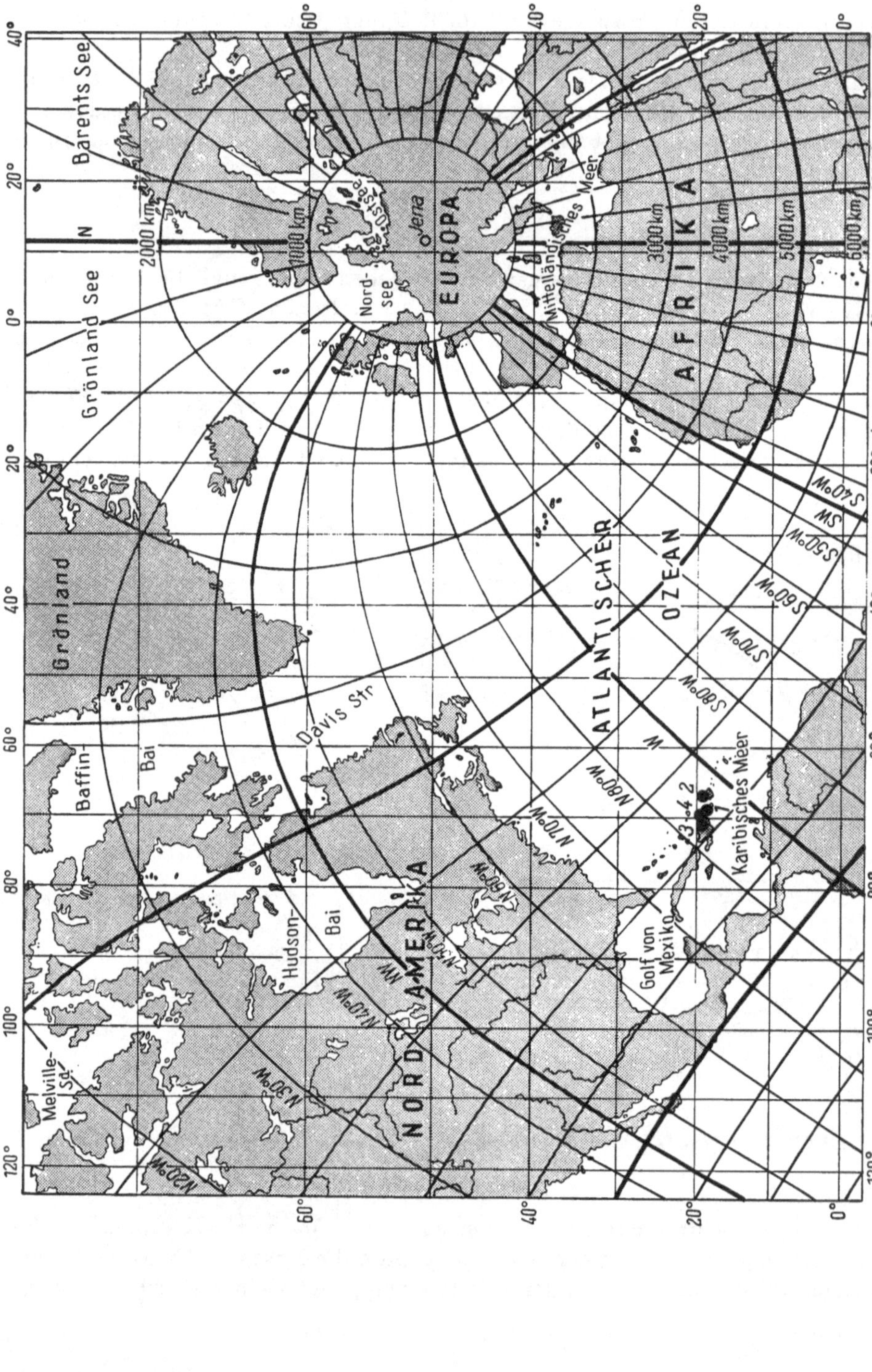

Abb. 31. Epizentren (●) der untersuchten Erdbeben im Gebiet der Antillen

Beben Dominica I wurden nur die Rayleigh-Wellen auf der z-Komponente ausgewertet, da die anderen Komponenten nicht vorhanden waren. Für die Auswertung der Beben Dominica II und III wurde die z-Komponente zur Auswertung der Rayleigh-Wellen nicht benutzt. Der ozeanische Anteil am Wellenweg beträgt rund 90%. Die für dieses Herdgebiet ausgewerteten Beben kann man wie folgt einteilen:

1. Dominica I/II/III
2. Puerto Rico
3. Dominica IV
4. Dominica V

Die Epizentren sind aus Abb. 31 zu entnehmen.

8.1.1. Dominikanische Republik I; II; III

Erdbeben I (4. 8. 1946); II (21. 8. 1946) und III (4. 10. 1946) der Nr. 1 in Tab. 15. In Abb. 32 sind die Dispersionswerte der Rayleigh-Wellen des Bebens I und in Abb. 33 die Dispersionswerte der Rayleigh- und Love-Wellen der Beben II; III eingezeichnet.

Bebenherd

Östlicher Teil der Dominikanischen Republik.

Wellenweg

Die Wellen durchlaufen den westlichen Teil des Puerto-Rico-Grabens, die Sargassosee, Teile der Mittelatlantischen Schwelle, den Kanal, Belgien, bis sie zur Registrierstation Jena (DDR) gelangen. Der kontinentale Anteil am Wellenweg beträgt etwa 10%.

Diskussion (vgl. Abb. 32 und 33)

Die empirischen Dispersionswerte liegen in dem Bereich zwischen 15 und 28 Sekunden mit Gruppengeschwindigkeiten von ungefähr 2,4 bzw. 3,85 km/s bei den Rayleigh-Wellen. Für die Love-Wellen wird ein Bereich von 17 bis

Tabelle 15
Zusammenstellung der Daten für die untersuchten Antillenbeben

Nr.	Datum	Herdzeit	Herdkoordinaten	Ozean. Anteil %	Epizentraldistanz km	Herdgebiet
1.	4. 8. 1946 21. 8. 1946 4. 10. 1946	17 51 04 19 17 39 14 45 25	18°,9 N 68°,9 W	90 90 90	Δ = 7740	Dominikan. Republik I/II/III
2.	29. 7. 1943	03 02 14	19°,1 N 67°,1 W	90	Δ = 7600	Puerto Rico
3.	31. 5. 1953	19 58 39	19°,4 N 70°,9 W	90,5	Δ = 7790	Dominikan. Republik IV
4.	8. 8. 1946	13 28 28	19°,6 N 69°,4 W	90,5	Δ = 7710	Dominikan. Republik V

22 Sekunden erfaßt mit den entsprechenden Gruppengeschwindigkeitswerten von 2,9 bzw. 3,7 km/s. Wie aus der Beschreibung des Wellenweges hervorgeht, durchlaufen die Wellen Tiefseegebiete des Ozeans, was bewirkt, daß die empirischen Werte insgesamt betrachtet besseren „ozeanischen Charakter" zeigen als die theoretischen Vergleichskurven, die ja für ein mittleres Krustenmodell entlang einem mittleren Wellenweg gelten. Für die Beben auf den Antillen

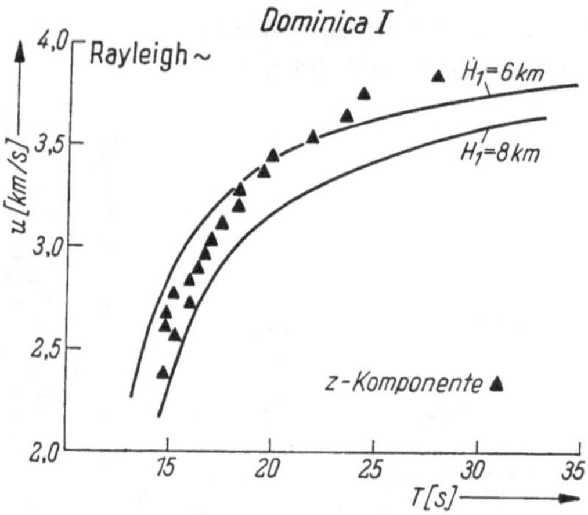

Abb. 32

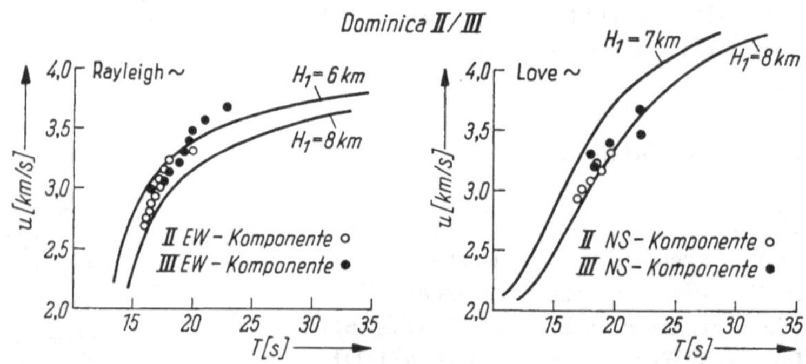

Abb. 33

sind die geringsten kontinentalen Anteile an den Wellenwegen vorhanden, so daß eine die empirischen Punkte verbindende Kurve steiler verliefe und für Perioden >20 s die theoretische übersteigt. Das deutet auf höhere Geschwindigkeiten innerhalb der Schicht H_1 hin, die ja für die Vergleichskurven nur mit $v_p = 4$ km/s und $v_s = 2{,}31$ km/s angesetzt wurden. Für Perioden <20 s liegen die ausgewerteten Dispersionspunkte zwischen den theoretischen Kurven für $H_0 = 4$ km, $H_1 = 6$ km und $H_0 = 4$ km, $H_1 = 8$ km für die RAYLEIGH-Wellen und zwischen den Kurven für $H_1 = 7$ km und $H_1 = 8$ km bei den LOVE-Wellen, wobei hier die Tendenz zur größeren Schichtdicke (8 km) größer ist.

Da die empirischen Werte im Vergleich zu den theoretischen besonders für größere Perioden bei den RAYLEIGH-Wellen höhere Gruppengeschwindigkeitswerte zeigen, könnte man annehmen, daß nun eine Übereinstimmung mit den theoretischen Dispersionskurven aus der Literatur (s. Abs. 6.4.) vorhanden ist. Das ist aber besonders auch für größere Perioden nicht der Fall. Hier liegen die Gruppengeschwindigkeitswerte z. B. für $T = 20$ s schon zwischen 3,6 und 3,9 km pro s, da bei diesen Dispersionsuntersuchungen auch nur fast reine ozeanische Wellenwege benutzt wurden. Ein kontinentaler Einfluß auf die Dispersion, der zu geringeren Gruppengeschwindigkeiten führt, war nicht vorhanden. Bei den Wellen, die von den Beben I; II; III im Osten der Dominikanischen Republik kommen, ist aber ein Einfluß des Kontinents (Belgien—DDR) nicht zu vernachlässigen. Deshalb liegen die empirischen Werte zwischen den Kurven aus der Literatur und denen, die für diese Arbeit zum Vergleich benutzt wurden. Der Verlauf der empirischen LOVE-Wellen-Dispersionspunkte stimmt recht gut mit dem Verlauf der theoretischen Kurven überein. Die Punkte deuten auch keine größeren Geschwindigkeiten in der „ozeanischen Schicht" an. Da sich ja die LOVE-Wellen vorzugsweise in dünneren lockeren Lagen fortpflanzen, laufen sie besonders in den oberen Teilen der Schicht H_1 entlang, für die die Geschwindigkeitswerte $v_p = 4$ km/s und $v_s = 2{,}31$ km/s vielleicht gerechtfertigt sind.

Ergebnis

Aus der Lage der untersuchten Dispersionspunkte im Vergleich zum Verlauf der theoretischen Kurven geht hervor, daß die Krustendicke entlang dem Wellenweg etwa 7 bis 8 km beträgt und die MOHOROVIČIĆ-Diskontinuität 11 bis 12 km unter der Meeresoberfläche verläuft (Wassertiefe = 4 km). Das geht sowohl aus der Dispersion der RAYLEIGH- als auch der LOVE-Wellen hervor. Die typische „ozeanische Schicht" hat aus obengenannten Gründen (Wellenweg durch Tiefseegebiete = weniger Sedimente = höhere Geschwindigkeiten) wahrscheinlich größere Kompressions- und Schergeschwindigkeiten als die für die theoretischen Dispersionskurven angenommenen von 4,0 und 2,31 km/s. Der durchschnittliche Tiefenwert des Wassers ist auch etwas größer als 4 km. Das geht bei den RAYLEIGH-Wellen aus einer geringen Verschiebung der empirischen Punkte im Bereich des kurzperiodischen Kurventeiles, zu größeren Perioden hin, hervor.

8.1.2. Puerto Rico

Erdbeben Nr. 2 in Tab. 15 am 29. 7. 43. Siehe auch Abb. 5, 6 und 7. Auf Abb. 34 sind die Dispersionswerte der RAYLEIGH- und LOVE-Wellen von der Registrierung der Station Jena eingezeichnet. Es wurden alle drei Komponenten ausgewertet.

Bebenherd

Westlicher Teil des Puerto-Rico-Grabens.

Wellenweg

Bis zur Registrierstation Jena (DDR) durchlaufen die Wellen folgende Gebiete: die Tiefseegebiete des Nordamerikanischen Beckens, den Mittelatlantischen Rücken, den nördlichen Teil des Azorenplateaus, den Kanal, Nordfrankreich, Teile Belgiens und der DDR. Der kontinentale Anteil am Wellenweg beträgt etwa 10%.

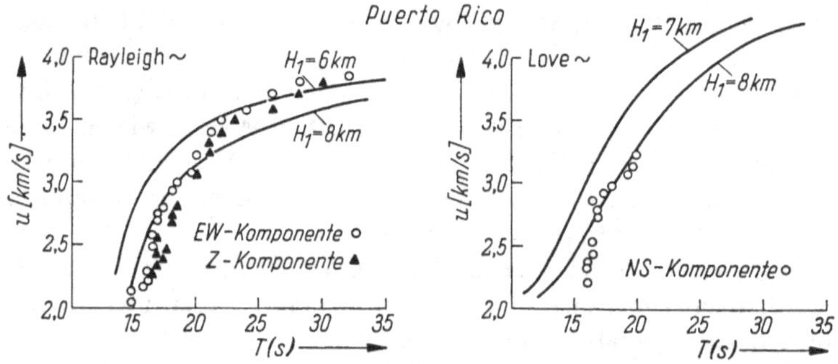

Abb. 34

Diskussion (vgl. Abb. 34)

Die empirischen Dispersionswerte für die RAYLEIGH-Wellen liegen im Periodenbereich von 15 bis 32 Sekunden mit entsprechenden Gruppengeschwindigkeiten von 2,0 bis 3,85 km/s. Für die LOVE-Wellen wird ein Bereich von 16 bis 20 Sekunden mit Gruppengeschwindigkeiten von 2,2 bis 3,2 km/s erfaßt. Aus einem Vergleich des oben beschriebenen Wellenweges mit der Darstellung der physiographischen Provinzen (s. Abb. 11) geht hervor, daß die Wellen durch die Tiefseegebiete sowohl des Puerto-Rico-Grabens als auch des Nordamerikanischen Beckens laufen. Der Einfluß der hier wesentlich größeren Wassertiefe als die im theoretischen Modell als Durchschnittswert mit 4 km angesetzte ist im kurzperiodischen Bereich bei den RAYLEIGH-Wellen sehr gut als eine Verschiebung der Dispersionswerte zu größeren Perioden hin zu erkennen. Für Perioden >20 s nähern sich die Punkte dem Verlauf der theoretischen Dispersionskurve mit $H_1 = 6$ km. Im Vergleich zur Lage der empirischen Werte der in Abs. 8.1.1. beschriebenen dominikanischen Beben, deren kontinentaler Weganteil ebenfalls etwa 10% betrug, liegen die Gruppengeschwindigkeitswerte bei diesem Beben tiefer, d. h., die Kurve durch die Punkte verläuft flacher.

Das kann durch den größeren Anteil des Mittelatlantischen Rückens am Wellenweg, im Vergleich zu dem der dominikanischen Beben, erklärt werden (vgl. Abb. 11). Die Wellen treffen von dem jetzt diskutierten Puerto-Rico-Beben viel flacher auf den Mittelatlantischen Rücken und bewegen sich auf einer Strecke in ihm entlang, die fast ein Drittel des Gesamtwellenweges ausmacht. Da die Schichten der Erdkruste unter dem Rücken geringere Geschwindigkeitswerte als unter typisch ozeanischen Verhältnissen haben (vgl. Abs. 6.3.2.), ist die Annäherung der Dispersionspunkte an die hier benutzten theoretischen Kurven für größere Perioden besser als bei den dominikanischen Beben I; II; III, deren gemeinsamer Wellenweg weiter nördlich verläuft und den Mittelatlantischen Rücken beinahe senkrecht durchquert. Mit der daraus resultierenden Verringerung des Anteils des Mittelatlantischen Rückens am Wellenweg verringert sich ebenfalls der Einfluß desselben auf die Dispersion.

Die Dispersion der LOVE-Wellen bleibt ja von der erheblichen Wassertiefe des Puerto-Rico-Grabens unbeeinflußt. Die ausgewerteten Punkte zwischen 16 und 17 s verlaufen viel steiler als die theoretischen, was auf geringere Sedimentgeschwindigkeiten hinweist. Diese kurzperiodischen Wellen können keine Aussage mehr über die mit $v_p = 4{,}0$ km/s im theoretischen Modell angesetzte Schicht machen. Sie charakterisieren eine dünne Lage im oberen Teil dieser Schicht, die kleinere Geschwindigkeiten aufweist und die die in der Literatur als „ozeanische Schicht" bezeichnete Lage in Form lockerer und halbverfestigter Sedimente bedeckt.

Ergebnis

Bei den RAYLEIGH-Wellen deutet die Lage der empirischen Punkte auf eine Mächtigkeit der „ozeanischen Schicht" von 6 bis 7 km hin, während die LOVE-Wellen-Dispersionswerte zu $H_1 = 8$ km neigen. Daher ist anzunehmen, daß die RAYLEIGH-Werte für $T = 20$ s zu der Kurve $H_1 = 8$ km gehören, nur daß größere Wellengeschwindigkeiten als 4,00 bzw. 2,31 km/s die höhere Lage der Punkte verursachen. Diese Geschwindigkeiten sind aber aus oben genannten Gründen wiederum nicht so hoch wie die von dem dominikanischen Beben. Die Wassertiefe ist größer als 4 km. Es ergibt sich also eine Mächtigkeit der Kruste von etwa 8 km, und die MOHOROVIČIĆ-Diskontinuität befindet sich in einer Tiefe >12 km unter der Meeresoberfläche.

8.1.3. Dominikanische Republik IV

Erdbeben Nr. 3 in Tab. 15 am 31. 5. 1953. Auf Abb. 35 sind die Dispersionswerte der RAYLEIGH- und LOVE-Wellen eingezeichnet, die durch Auswertung aller drei Komponenten bestimmt werden.

Bebenherd

Nordküste der Dominikanischen Republik.

Wellenweg

Die Wellen erreichen die Registrierstation Jena (DDR), nachdem sie Gebiete des Nordamerikanischen Beckens, des Mittelatlantischen Rückens, des Kanals, der Niederlande und beider deutscher Staaten durchlaufen haben. Der kontinentale Anteil an diesem Wellenweg beträgt 9,5%.

Diskussion (vgl. Abb. 35)

Die ausgewerteten RAYLEIGH-Wellen-Dispersionswerte liegen in einem Periodenbereich von 14 bis 28 Sekunden, und die Gruppengeschwindigkeiten variieren von 2,5 bis 3,55 km/s. Bei den LOVE-Wellen liegen die Dispersionswerte zwischen 15 und 24 Sekunden mit Gruppengeschwindigkeiten von 2,5 bis 3,7 km/s. Ein Vergleich dieses Wellenweges mit dem für das Beben Nr. 1 der Tab. 15 zeigt, daß die Wellen fast die gleichen Gebiete durchlaufen. Die Übereinstimmung der Dispersionswerte ist besonders für die LOVE-Wellen sehr gut, aber auch die RAYLEIGH-Wellen-Dispersion zeigt für Perioden von 14 bis 23 Sekunden keine

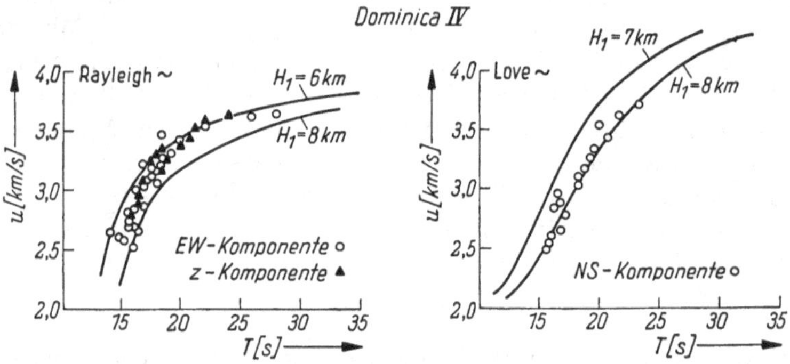

Abb. 35

Unterschiede. Zwei Punkte für $T = 26$ s, $T = 28$ s fallen mit ihren zu geringen Gruppengeschwindigkeitswerten aus dem allgemeinen Bild heraus. Die Diskussion der Lage der Dispersionswerte für Perioden <20 s für RAYLEIGH-Wellen verläuft analog zu der des Abs. 8.1.1. für den gleichen Bereich. Die Werte für die LOVE-Wellen-Dispersion tendieren bei dem Beben IV noch offensichtlicher zur Schichtdicke $H_1 = 8$ km als bei den Beben II und III der Dominikanischen Republik.

Ergebnis

Die Schlußfolgerungen aus der Lage der empirischen Dispersionswerte sind ähnlich wie die des Abs. 8.1.1. Die feste Krustenschicht entlang dem Wellenweg hat durchschnittlich 7,5 bis 8 km Mächtigkeit. Die MOHOROVIČIĆ-Diskontinuität liegt etwa 11,5 bis 12 km unter der Meeresoberfläche, wenn die Wassertiefe 4 km beträgt. Die leichte Tendenz zu einem größeren Tiefenwert der Wasserschicht ist genau wie für die Beben I; II und III vorhanden, was sich in der geringen Verschiebung des kurzperiodischen Kurventeiles, in Richtung zu wachsenden Perioden hin, äußert.

8.1.4. Dominikanische Republik V

Erdbeben Nr. 4 in Tab. 15 am 8. 8. 1946. Aus Abb. 36 sind die empirischen Dispersionswerte für RAYLEIGH- und LOVE-Wellen zu entnehmen. Der kontinentale Wellenweganteil beträgt rund 9,5%.

Bebenherd

Nordküste der Dominikanischen Republik.

Wellenweg

Nordamerikanisches Becken, Mittelatlantischer Rücken, der Kanal, Niederlande, Jena (DDR).

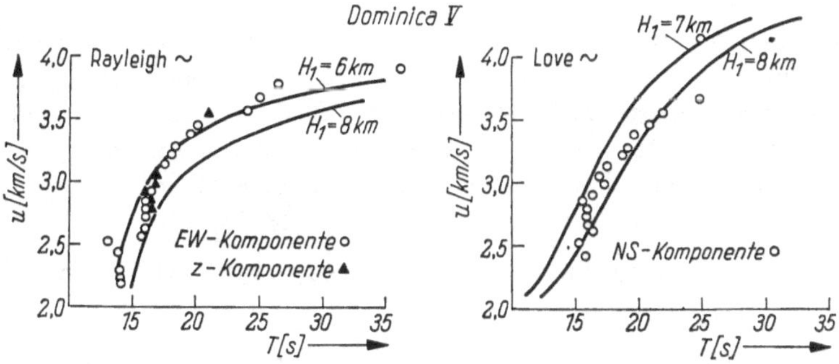

Abb. 36

Diskussion (vgl. Abb. 36)

Für die RAYLEIGH-Wellen wurden Perioden von 14 bis 26 Sekunden ausgewertet. Die Gruppengeschwindigkeiten liegen zwischen 2,2 und 3,8 km/s und für die LOVE-Wellen zwischen 2,4 und 3,7 km/s, wenn der Punkt mit $u = 4{,}15$ km/s bei $T = 26$ s vernachlässigt wird. Der dazugehörige ausgewertete Periodenbereich liegt zwischen 15 und 25 s.

Der Wellenweg ist denen der Beben I; II; III und IV sehr ähnlich. Demzufolge zeigt die Lage der empirischen Punkte auch keine prinzipiellen Abweichungen zu den oben diskutierten Beben. Für Perioden <17 s fallen die empirischen Werte der RAYLEIGH-Wellen steiler zu kleineren Geschwindigkeiten hin ab als die theoretischen, was auf geringe Sedimentgeschwindigkeiten hinweist. Der gleiche Effekt ist bei den LOVE-Wellen zu beobachten, was die Annahme geringerer Sedimentgeschwindigkeiten nur unterstützt, da die lockeren Sedimente die Ausbreitung dieser Wellen stark beeinflussen. Daraus folgt also, daß den Anfang der sogenannten ,,ozeanischen Schicht“ ($v_p = 4{,}0$ km/s) eine Lage bildet, in welcher die Kompressions- und Schergeschwindigkeiten kleiner als 4,00 bzw. 2,31 km/s sind. Diese Lage der lockeren und halbverfestigten Sedimente ist, wie aus den Ergebnissen der Refraktionsmessungen hervorgeht, fast in allen Gebieten des Atlantischen Ozeans vorhanden. Deshalb liegen die kurzperiodischen empirischen Punkte auch meist steiler als die theoretischen. Für Perioden >20 s übersteigen die Punkte die theoretischen Kurven der RAYLEIGH-Wellen-Dispersion, was auf höhere Geschwindigkeiten als 4,00 bzw. 2,31 km/s in den tieferen Lagen der ,,ozeanischen Schicht“ hinweist. Der ,,ozeanische Charakter“ kommt in den empirischen Werten besser zum Ausdruck als in den theoretischen Kurven, die ja unter Berücksichtigung der noch im folgenden zu untersuchenden

Wellenwege, welche mehr als 10% kontinentale Weganteile aufweisen, als Vergleichskurven herangezogen wurden.

Die Gruppengeschwindigkeitswerte für $T > 19$ s liegen aber dennoch unter den theoretischen ozeanischen RAYLEIGH-Wellen-Dispersionskurven, die in der Literatur benutzt werden.

Ergebnis

Der Vergleich der RAYLEIGH-Wellen- und der LOVE-Wellen-Dispersion zeigt auch hier eine Krustendicke von etwa 7,5 bis 8 km. Die Wassertiefe beträgt 4 km, und daraus folgt, daß die MOHOROVIČIĆ-Diskontinuität ungefähr 11,5 bis 12 km unter der Meeresoberfläche liegt. Die oberen Lagen der Schicht $H_1 = 8$ km haben kleinere Wellengeschwindigkeitswerte als 4,00 bzw. 2,31 km/s.

8.1.5. Zusammenfassung: Herdgebiet Antillen

Tabelle 16

Zusammenstellung der Ergebnisse der Dispersionsuntersuchungen für die Antillen-Beben

Herdgebiete	Wasser	Krustendicke	Tiefe der MD
Dominikan. Republik I, II, III	>4 km	7 – 8 km	>11 km
Puerto Rico	>4 km	8 km	>12 km
Dominikan. Republik IV	>4 km	7,5 – 8 km	>11,5 km
Dominikan. Republik V	4 km	7,5 – 8 km	11,5 – 12 km

Die Ergebnisse der refraktionsseismischen Messungen entlang dem Wellenweg zeigen, daß die „Gabbroschicht" ($v_p = 6{,}5$ km/s) im Durchschnitt 4,5 km mächtig ist. Daraus folgt unter Berücksichtigung des Krustendickenergebnisses von 7 bis 8 km, daß die oberen Lagen der „ozeanischen Schicht" (lockere, halbverfestigte Sedimente und vulkanische Gesteine) eine Mächtigkeit von 2,5 bis 3,5 km haben. Dieses Ergebnis stimmt gut mit den Werten aus Refraktionsmessungen überein. Der Durchschnittswert der Wassertiefe liegt bei 4 km, und die Tiefe der MOHOROVIČIĆ-Diskontinuität beträgt etwa 11 bis 12 km. Auch diese Daten stehen in keinem Widerspruch zu den Ergebnissen der angewandten Forschung (vgl. Tab. 6, 7, 9).

8.2. Herdgebiet Mittelamerika

Da die Abweichungen der Lage der untersuchten Beben wiederum kleiner als 30° vom Westazimut sind, wurden auf der EW-Komponente die RAYLEIGH- und auf der NS-Komponente die LOVE-Wellen ausgewertet. Die z-Komponente brachte wie immer die Werte der RAYLEIGH-Wellen-Dispersion. Bei allen untersuchten Beben standen zur Auswertung alle drei Komponenten bereit. Der ozeanische Weganteil liegt zwischen 88 und 68%.

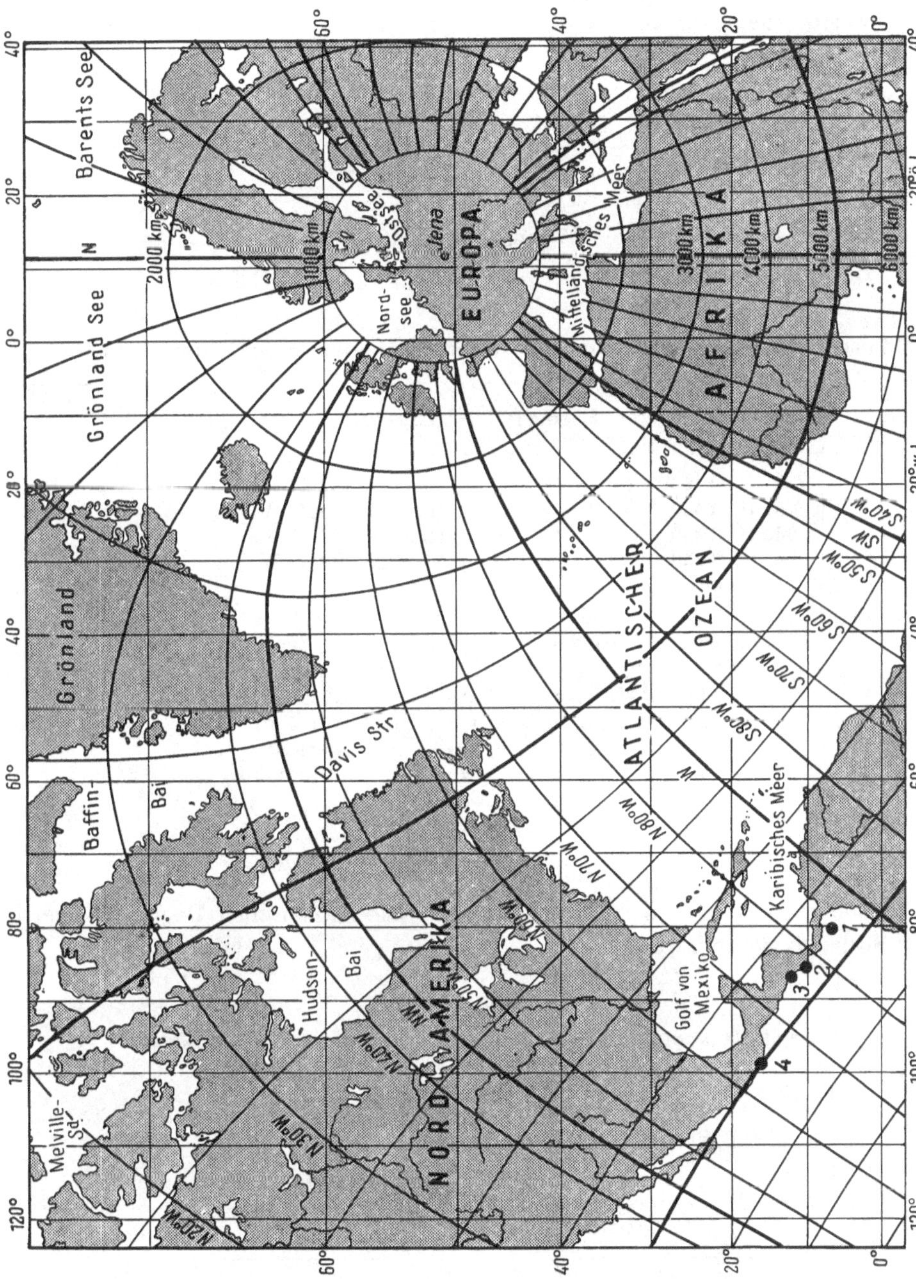

Abb. 37. Epizentren (●) der Erdbeben des Herdgebietes Mittelamerika

Es wurden Beben mit Hilfe der Registrierungen der Station Jena (DDR) ausgewertet aus:

1. Panama,
2. Costa Rica,
3. Nikaragua,
4. Süd-Mexiko.

Die Epizentren sind auf Abb. 37 eingezeichnet.

Tabelle 17

Zusammenstellung der für das Gebiet Mittelamerika untersuchten Erdbeben

Nr.	Datum	Herdzeit	Herdkoordinaten	Ozean. Anteil %
1.	2. 5. 1943	17 18 05	6,9° N; 80,4° W	88
2.	5. 10. 1950	16 09 42	10,4° N; 85,7° W	88
3.	24. 10. 1950	14 42 10	12,0° N; 87,0° W	83
4.	14. 12. 1950	14 15 43	16,3° N; 98,6° W	68

Nr.	Epizentraldistanz	Herdgebiet
1.	$\Delta \approx 9550$ km	Panama
2.	$\Delta \approx 9600$ km	Costa Rica
3.	$\Delta \approx 9560$ km	Nikaragua
4.	$\Delta \approx 9960$ km	Süd-Mexiko

8.2.1. Panama

Erdbeben Nr. 1 in Tab. 17 am 2. 5. 1943. Die empirischen Dispersionswerte sind aus Abb. 38 zu entnehmen.

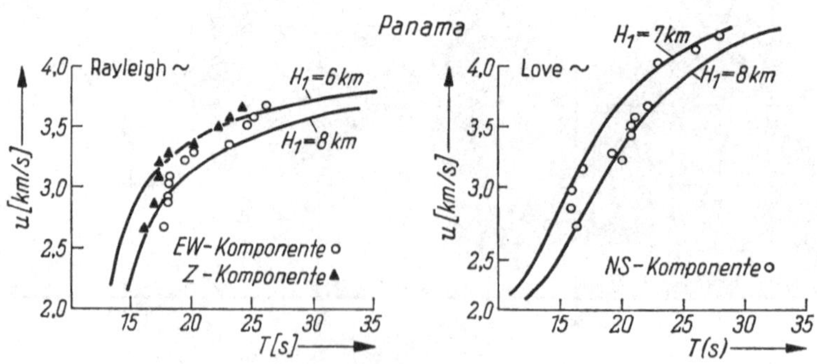

Abb. 38

Der kontinentale Anteil am Wellenweg beträgt etwa 12%.

Bebenherd

Pazifisches Küstengebiet von Panama.

Wellenweg

Die Wellen bewegen sich auf dem Großkreis, der durch das Epizentrum und die Registrierstation Jena (DDR) verläuft, durch folgende geographische Gebiete:

Golf von Panama, Panama, östlicher Teil des Karibischen Meeres, Puerto Rico, Puerto-Rico-Graben, östlicher Teil des Nordamerikanischen Beckens, Azorenplateau (etwas nördl. davon), den Kanal, Nordfrankreich, Belgien, Westdeutschland, DDR (Jena).

Diskussion (vgl. Abb. 38)

Auf der EW- und z-Komponente wurden Perioden im Bereich zwischen 16 und 26 Sekunden und auf der NS-Komponente zwischen 16 und 28 Sekunden ausgewertet. Die Gruppengeschwindigkeiten liegen für die RAYLEIGH-Wellen zwischen 2,65 und 3,65 km/s und für die LOVE-Wellen zwischen 2,65 und 4,25 km/s. Der Wellenweg ist von Puerto Rico an annähernd der gleiche wie der in Abs. 8.1.2 beschriebene. Dementsprechend zeigen auch die Dispersionsuntersuchungen gewisse Ähnlichkeiten in ihren Ergebnissen.

Für Perioden >20 s zeigt ein Vergleich der RAYLEIGH-Wellen-Dispersion beider Beben keine Unterschiede. Für Perioden $T = 17$, 18 und 19 Sekunden liegen die Werte der z-Komponente für das Panama-Beben über denen des Puerto-Rico-Bebens. Der gleiche Effekt ist auch bei den LOVE-Wellen für die Auswertungen der NS-Komponente bei Perioden zwischen 16 und 20 Sekunden zu beobachten. Das könnte bedeuten, daß der Wert der angesetzten Schergeschwindigkeit von $v_s = 2{,}31$ km/s zu klein ist. Ferner ist bei der RAYLEIGH-Wellen-Dispersion, wenn auch nur als Andeutung, im kurzperiodischen Ast eine Verschiebung zu größeren Perioden hin zu erkennen. Dies gibt wieder den Hinweis auf eine größere Wassertiefe als 4 km, was dem Einfluß des Puerto-Rico-Grabens zugeschrieben werden kann. Das bei diesem Wellenweg hinzukommende Karibische Meer hat auch in den von den Wellen durchlaufenen Gebieten (Kolumbien-Becken) keine so geringen Wassertiefen, die die großen Werte des Puerto-Rico-Grabens im Gesamtbild kompensieren könnten. Die Werte der Perioden >22 s der LOVE-Wellen deuten auf eine Krustendicke von 7 bis 7,5 km hin, was auch nicht im Widerspruch zu der Lage der Punkte der RAYLEIGH-Wellen-Dispersion steht, wenn man den noch erheblich größeren Anteil des ozeanischen Wellenweges am Gesamtweg berücksichtigt.

Ergebnis

Die Krustendicke liegt zwischen 7 und 7,5 km, und die Wassertiefe ist >4 km. Daraus ergibt sich, daß die MOHOROVIČIĆ-Diskontinuität etwas mehr als 11 km unter der Meeresoberfläche verläuft.

8.2.2. Costa Rica

Erdbeben Nr. 2 in Tab. 17 am 5. 10. 1950. Die empirischen Werte für die Perioden und die dazugehörenden Gruppengeschwindigkeiten sind aus Abb. 39 zu entnehmen. 12% des Wellenweges verlaufen durch kontinentale Gebiete.

Bebenherd

Südwestliche Pazifikküste von Costa Rica.

Wellenweg

Die Wellen durchlaufen auf ihrem Weg zur Station Jena (DDR) folgende Gebiete: Costa Rica, Karibisches Meer (Nikaragua-Schwelle und einen Teil des Cayman-Grabens), Kuba, Bahama-Inseln, Bermuda-Plateau, südöstlichen Neufundland-Rücken, Mittelatlantischen Rücken, Süd-England, südliche Nordsee, Niederlande, Westdeutschland bis DDR (Jena).

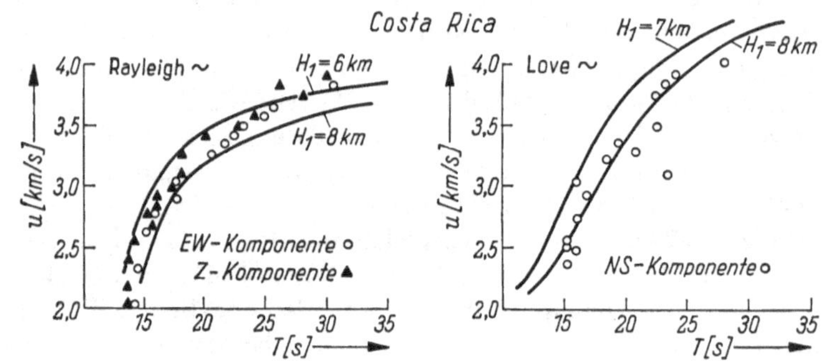

Abb. 39

Diskussion (vgl. Abb. 39)

Die ausgewerteten Perioden liegen für die RAYLEIGH-Wellen zwischen 13,6 und 30,4 s und für die LOVE-Wellen im Bereich zwischen 15,2 und 28 s. Die dazugehörigen Gruppengeschwindigkeiten variieren zwischen 2,00 und 3,9 km/s bzw. für die LOVE-Wellen zwischen 2,36 und 4,01 km/s.

Der oben beschriebene Wellenweg führt durch Gebiete, in denen keine abnormen Wassertiefen auftreten. Im Gegenteil, der Wert von 4 km ist als Durchschnittswert noch zu hoch, da der größte Teil des ozeanischen Wellenweges durch flachere Meeresregionen verläuft, z. B. durch die Nikaragua-Schwelle im Karibischen Meer mit einer Tiefe von 1,39 km (nach Messungen von M. EWING u. a. [88]) oder den Neufundland-Rücken mit Tiefen von 2,45; 2,39 und 3,67 km [79], weiter durch den Mittelatlantischen Rücken mit 1,52 bis 3,91 km [79], den kontinentalen Schelf von Groß-Britannien mit Tiefenwerten des Wassers von 1,95 bis 2,75 km [79] usw. Dieser Einfluß kommt in den Dispersionsergebnissen bei den RAYLEIGH-Wellen in einer Verschiebung des kurzperiodischen empirischen Kurvenastes zu kürzeren Perioden hin zum

Ausdruck. Daß dieser Effekt eine Verschiebung der Kurve und nicht ihr wahrer Verlauf für $H_0 = 4$ km und $H_1 = 7$ km ist, geht aus den Ergebnissen der LOVE-Wellen-Dispersion hervor. Hier liegen die Punkte, unbeeinflußt vom Wasser, auf der theoretischen Kurve für $H_1 = 8$ km, sogar mit Tendenz zu einer größeren Schichtmächtigkeit von H_1. Für den mittleren Periodenbereich von 17 bis 21 s ist das auch bei den RAYLEIGH-Wellen der Fall. Für größere Perioden liegen die empirischen Punkte dann über der Kurve für $H_1 = 8$ km, da die Dispersion dieser Wellen größerer Perioden die tieferen Lagen der Krustenschicht H_1 charakterisiert, in welchen die Wellengeschwindigkeiten über dem angenommenen Wert liegen. Deshalb befinden sich die empirischen Punkte über dieser mittleren Kurve für $H_1 = 8$ km.

Ergebnis

Der Durchschnittswert der Wassertiefe entlang dem Wellenweg ist 3 bis 4 km. Die LOVE-Wellen-Dispersion zeigt deutlich eine Krustenmächtigkeit von 8 bis 9 km. Die MOHOROVIČIĆ-Diskontinuität liegt somit zwischen 11 und 13 km. Die Kompressions- und Schergeschwindigkeiten in den untersten Lagen der „ozeanischen Schicht" („Gabbroschicht") liegen höher. Dieses Ergebnis steht in gutem Einklang mit den Ergebnissen aus refraktionsseismischen Untersuchungen der angewandten Geophysik entlang diesem Wellenweg.

8.2.3. Nikaragua

Erdbeben Nr. 3 in Tab. 17 am 24. 10. 1950. Die berechneten Dispersionswerte sind auf Abb. 40 mit theoretischen Dispersionskurven verglichen. Die Wellen durchlaufen auf 17% des Weges kontinentale Gebiete.

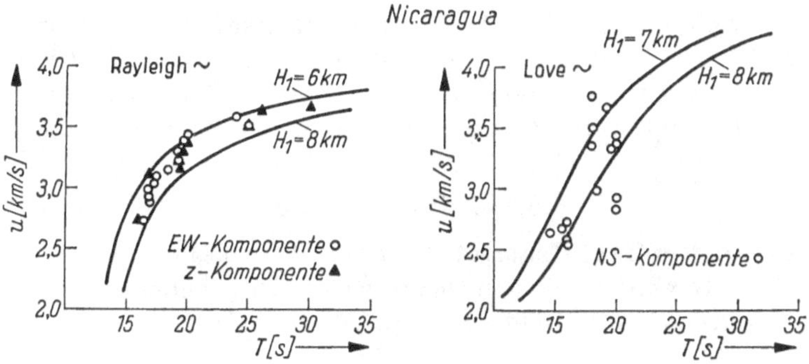

Abb. 40

Bebenherd

Mittlerer Teil der pazifischen Küste von Nikaragua.

Wellenweg

Folgende Gebiete wurden von den Wellen auf dem Weg vom Epizentrum zur Registrierstation durchlaufen:

Nikaragua, Karibisches Meer (Nikaragua-Schwelle, Cayman-Graben, Cayman-Rücken), Kuba, Bahama-Inseln, westlicher Teil des Nordamerikanischen Beckens (kontinentale Randzone), Neufundland-Rücken, Mittelatlantischer Rücken, Süd-Irland, kontinentaler Schelf von Groß-Britannien, Süd-England, südliche Nordsee, Niederlande, Westdeutschland bis DDR (Jena).

Diskussion (vgl. Abb. 40)

Die ausgewerteten Perioden für die RAYLEIGH-Wellen liegen zwischen 16 und 30 Sekunden, die für LOVE-Wellen zwischen 14,6 und 20 Sekunden. Die dazugehörigen Gruppengeschwindigkeiten steigen von 2,7 auf 3,64 km/s bzw. von 2,5 auf 3,76 km/s an.

Der Wellenweg ist dem des Costa-Rica-Bebens sehr ähnlich, jedoch der kontinentale Anteil liegt um 5% höher.

Die RAYLEIGH-Wellen-Dispersion für die Perioden von 16 bis 21 Sekunden ist die gleiche wie die des Costa-Rica-Bebens. Die empirische Kurve für größere Perioden liegt flacher, da die Wellen im Gegensatz zu denen des Costa-Rica-Bebens einen größeren Weg durch den kontinentalen Randzonenbereich von Groß-Britannien zurücklegen, wo nach den Refraktionsmessungen von M. EWING u. a. [79] gut ausgeprägte Sedimentschichten mit geringeren Geschwindigkeiten vorhanden sind (s. Tab. 9). Außerdem kommt noch ein rein kontinentaler Weganteil (Süd-Irland) hinzu. Die LOVE-Wellen-Dispersion deutet im wesentlichen auf eine Krustenmächtigkeit von 8 km hin, während vier Punkte einen kleineren Wert anzeigen. Aber auch die RAYLEIGH-Wellen-Dispersion weist auf eine feste Krustenschicht von 7 bis 8 km Mächtigkeit hin.

Ergebnis

Die Wassertiefe entlang dem Wellenweg hat einen Durchschnittswert von 4 km. Sowohl die RAYLEIGH-Wellen- als auch die LOVE-Wellen-Dispersion zeigt eine Mächtigkeit der festen Krustenschicht von 7 bis 8 km, also liegt die MOHOROVIČIĆ-Diskontinuität 11 bis 12 km unter der Meeresoberfläche.

8.2.4. Süd-Mexiko

Erdbeben Nr. 4 in Tab. 17 am 14. 12. 1950. Die ausgewerteten Dispersionswerte auf Abb. 41 werden mit den theoretischen Dispersionskurven verglichen. Der kontinentale Weganteil beträgt 32%.

Bebenherd

Südliche Sierra Madre (Pazifikküste).

Wellenweg

Süd-Mexiko, westlicher Teil des Golfes von Mexiko, Ostküste der Vereinigten Staaten von Amerika, Neufundland-Bank, südliche Labradorsee, Mittelatlantischer Rücken, Irland, Irische See, Groß-Britannien, südliche Nordsee, Niederlande, Westdeutschland bis DDR (Jena).

Diskussion (vgl. Abb. 41)

Für die RAYLEIGH-Wellen auf der EW- und z-Komponente wurden Perioden zwischen 14 und 24 Sekunden ausgewertet; auf der NS-Komponente zwischen 13 und 24 Sekunden. Dies sind die LOVE-Wellen. Die dazugehörigen Gruppengeschwindigkeiten liegen für die RAYLEIGH- und LOVE-Wellen zwischen 2,3 und 3,4 km/s. Der kontinentale Wellenweganteil ist hier schon fast doppelt so groß wie in dem vorhergehenden Beben. Dieser Unterschied spiegelt sich auch

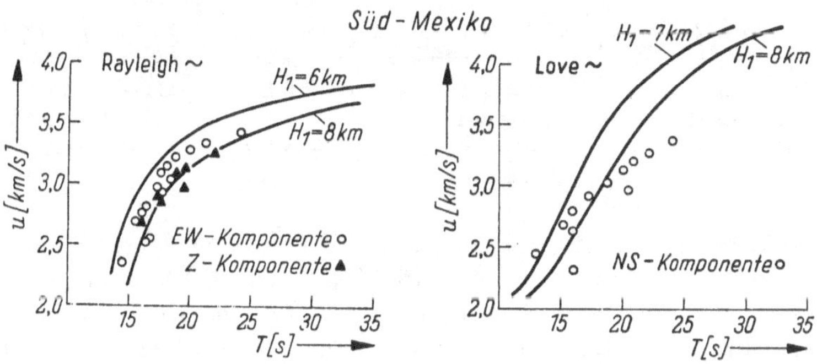

Abb. 41

deutlich in der Lage der empirischen Dispersionswerte wider. Direkte Tiefseegebiete sind in dem Wellenweg überhaupt nicht enthalten. Weite Strecken werden in den kontinentalen Randzonen zurückgelegt, wo die Tiefe der MOHOROVIČIĆ-Diskontinuität vom Ozean her zum Kontinent hin zunimmt. Ferner sind in diesen Gebieten die beträchtlichen Sedimentmächtigkeiten nicht ohne Einfluß auf die Dispersion, besonders bei den LOVE-Wellen. Genannt seien die riesigen Sedimentmächtigkeiten des Mexiko-Golfes, die im Gebiet des Louisiana-Schelfes Werte bis zu 9 km annehmen [88]. Die empirischen Dispersionspunkte der RAYLEIGH-Wellen passen sich gut dem Verlauf der theoretischen Kurven an, da das benutzte theoretische Erdmodell auch etwa für die hier vorliegenden Bedingungen (Schelfgebiete, kontinentaler Einfluß) recht gut geeignet ist und unter Berücksichtigung dieser Einflüsse zusammengestellt wurde. Die angesetzte durchschnittliche Wassertiefe von 4 km ist für diesen Wellenweg jedoch zu groß, was aus den Ergebnissen der angewandten Forschung für diesen Wellenweg hervorgeht. Der ausgewertete kurzperiodische Teil der RAYLEIGH-Wellen-Dispersionskurve liegt dementsprechend zu kleineren Perioden hin verschoben, so daß, wie auch aus dem Verlauf der LOVE-Wellen-Dispersionskurve hervorgeht, die Krustenschicht dicker als 8 km ist.

Ergebnis

Die Wassertiefe entlang dem Wellenweg ist kleiner als 4 km. Die Mächtigkeit der festen Krustenschicht ist größer als 8 km. Der kontinentale Einfluß auf die Dispersion kommt schon recht gut zum Ausdruck, indem die Kurven flacher verlaufen und bei kleineren Perioden (20 s) geringere Gruppengeschwindigkeitswerte haben. Die Mohorovičić-Diskontinuität liegt tiefer als 12 km.

8.2.5. Zusammenfassung: Herdgebiet Mittelamerika

Tabelle 18

Zusammenstellung der Ergebnisse der Dispersionsuntersuchungen für die Mittelamerika-Beben

Herdgebiet	Wasser	Krustendicke	Tiefe der MD
Panama	>4 km	7 – 7,5 km	11 – 12 km
Costa Rica	3 – 4 km	8 – 9 km	11 – 13 km
Nikaragua	4 km	7 – 8 km	11 – 12 km
Süd-Mexico	>4 km	>8 km	

Die Refraktionsmessungen entlang diesen Wellenwegen zeigen einen Wert für die Mächtigkeit der „Gabbroschicht“ (6,5 km/s) von 5,4 km im Durchschnitt. Das Ergebnis für die durchschnittliche feste Kruste, also einschließlich der „Gabbroschicht“, ist 7 bis 9 km und für das Mexiko-Beben noch mehr als 9 km. Daraus geht hervor, daß die die „Gabbroschicht“ überlagernden Sedimente und vulkanischen Gesteine verschiedener Konsistenzen eine Mächtigkeit von 1,6 bis 3,6 km und entlang dem Wellenweg Süd-Mexiko—Deutschland Mächtigkeiten von mehr als 3,6 km haben. Die Durchschnittswerte der Wassertiefen nehmen mit wachsendem kontinentalem Weganteil ab. Die Ergebnisse stimmen gut mit denen der Refraktionsseismik überein (vgl. Tab. 6, 7, 9, 11).

8.3. Herdgebiet Südamerika

Für alle drei untersuchten Beben standen alle Komponenten zur Auswertung zur Verfügung. Auf der NS-Komponente erscheinen wieder die Love-Wellen und auf der EW- und z-Komponente die Rayleigh-Wellen. Die Abweichung der Epizentren vom Westazimut ist kleiner als 30°. Die Registrierstation ist Jena (DDR). Die ozeanischen Weganteile sind 72%, 65% und 48%.

Es wurden folgende Beben ausgewertet:

1. Peru I,
2. Peru II,
3. Chile.

8.3.1. Peru I

Erdbeben Nr. 1 in Tab. 19 am 12. 12. 1953. Die empirischen Werte für die Dispersion sind aus Abb. 42 zu entnehmen. Der kontinentale Weganteil beträgt 28%.

Tabelle 19

Zusammenstellung der für das Gebiet Südamerika untersuchten Erdbeben

Nr.	Datum	Herdzeit	Herdkoordinaten	Ozean. Anteil %
1.	12. 12. 1953	17 31 25	3,4° S; 80,6° W	72
2.	10. 11. 1946	17 42 52	8,3° S; 77,8° W	65
3.	6. 4. 1943	16 07 12	30,9° S; 72,0° W	48

Nr.	Epizentraldistanz	Herdgebiet
1.	$\Delta \approx 10458$ km	Peru
2.	$\Delta \approx 10670$ km	Peru
3.	$\Delta \approx 12200$ km	Chile

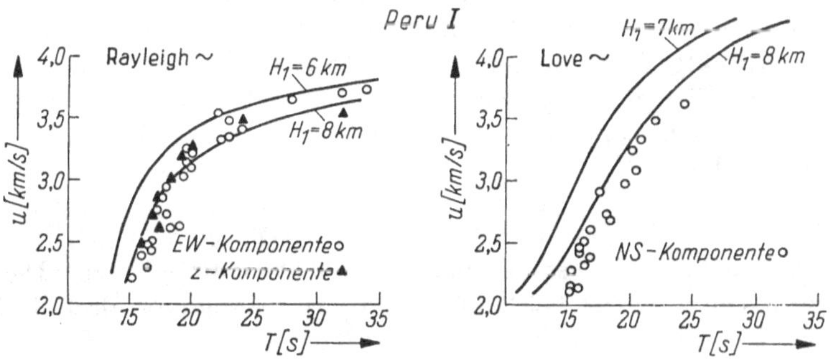

Abb. 42

Bebenherd

Nordwestzipfel von Peru. Dicht an der Grenze von Ecuador. Pazifische Küste.

Wellenweg

Bis zur Registrierstation Jena (DDR) durchlaufen die Wellen folgende Gebiete:

Ekuador (Anden), Kolumbien, Venezuela (Kordilleren von Merida), östliches Karibisches Meer, Kleine Antillen, östliches Nordamerikanisches Becken, Mittelatlantischen Rücken, Ostatlantik, den Kanal, Belgien, Westdeutschland.

Diskussion (vgl. Abb. 42)

Für die Rayleigh-Wellen wurden Perioden von 15 bis 34 s mit Gruppengeschwindigkeiten von 2,2 bis 3,74 km/s ausgewertet. Für die Love-Wellen liegen die Perioden in dem Bereich zwischen 15 und 25 s mit Gruppengeschwindigkeiten von 2,1 bis 3,62 km/s.

Der kontinentale Weganteil ist bei diesem Wellenweg noch größer als bei den vorher betrachteten Beben, jedoch fallen im Vergleich zu den mittelamerikanischen Beben die langen Wege in den Schelfgebieten fort. Der Wellenweg verläuft ähnlich zu dem der Antillenbeben durch die zentralen Teile des Nordatlantiks. Jetzt kommt zusätzlich ein größerer kontinentaler Teil (nördliches Südamerika) hinzu.

Die empirischen RAYLEIGH-Wellen-Dispersionswerte zwischen 15 und 20 s liegen gegenüber den theoretischen Kurven zu größeren Perioden hin verschoben, was in diesem Periodenbereich auf eine stärkere Wasser- oder Sedimentschicht hindeutet. In diesem Fall geht die Verschiebung wahrscheinlich auf eine dickere Sedimentschicht zurück, da die LOVE-Wellen, die ja vom Wasser unbeeinflußt bleiben, ebenfalls diesen Effekt zeigen. Die LOVE-Wellen breiten sich vornehmlich in den oberen, lockeren Schichten aus, und diese werden deshalb durch die Dispersion der Wellen charakterisiert. Im ganzen betrachtet, ist die Tendenz zu einer Mächtigkeit der festen Krustenschicht von 9 bis 10 km durchaus zu erkennen. Die Wassertiefe entlang dem Wellenweg ist, nach der Lage des Wellenweges zu urteilen, mit 4 km etwas zu hoch, denn die Wellen durchlaufen direkte Tiefseegebiete nur im Ostatlantik vor dem europäischen Kontinent. Ein langer Weg geht durch das Gebiet des Mittelatlantischen Rückens, wo Tiefen von durchschnittlich 2,7 km nach M. EWING u. a. [79] festgestellt wurden.

Ergebnis

Die Dicke der festen Krustenschicht beträgt etwa 9 bis 10 km. Die Wassertiefe liegt im Durchschnitt bei 3,5 km. Daraus geht hervor, daß die MOHOROVIČIĆ-Diskontinuität in Tiefen von etwa 12 bis 14 km liegt. Das ist ein Ergebnis, das schon recht deutlich den kontinentalen Einfluß zeigt, denn die Wellen der Antillenbeben durchliefen ungefähr die gleichen Gebiete des Nordatlantiks und lieferten Gesamtmächtigkeiten der Kruste (einschließlich Wasserschicht) von 11 bis 12 km. Bei dem hier betrachteten Wellenweg kommt noch die kontinentale Kruste Südamerikas hinzu, was natürlich die Gesamtmächtigkeit vergrößert.

8.3.2. Peru II

Erdbeben Nr. 2 in Tab. 19 am 10. 11. 1946. Die empirischen Dispersionswerte sind aus Abb. 43 zu entnehmen. Der kontinentale Weganteil beträgt 35%.

Bebenherd

Nördliche Anden von Peru.

Wellenweg

Anden (Peru), Berg- und Tiefland von Kolumbien, Bergland von Guayana (Venezuela), Mittelatlantischer Rücken, nördlicher Teil des Golfs von Biskaya, Nordfrankreich, Belgien, Westdeutschland bis DDR (Jena).

Diskussion (vgl. Abb. 43)

Die ausgewerteten Perioden für die Rayleigh-Wellen liegen zwischen 15 und 28 s und die dazugehörigen Gruppengeschwindigkeiten zwischen 2,6 und 3,6 km/s. Für die Love-Wellen sind die entsprechenden Werte 15 und 20 s bzw. 2,5 und 3,3 km/s.

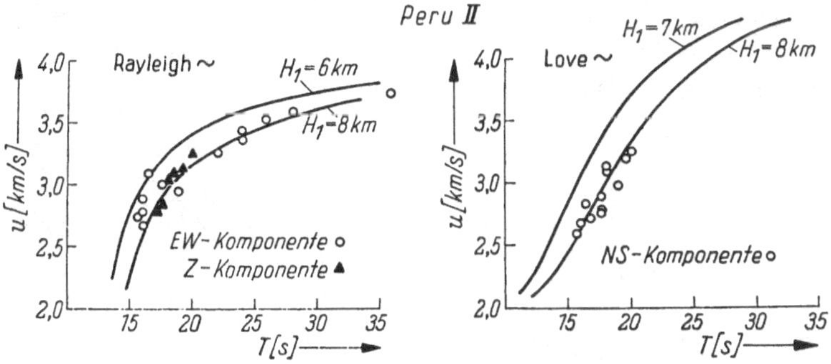

Abb. 43

Die Wellen durchlaufen im wesentlichen die gleichen Gebiete wie die des Bebens Peru I. Der kontinentale Weg im nördlichen Teil von Südamerika verläuft aber anders. Hier werden Gebiete durchquert (Berg- und Tiefländer), in welchen die Mohorovičić-Diskontinuität nicht bis in die Tiefen abtaucht, die sie in den Anden von Ecuador erreicht. Vom Beben Peru I aus verläuft der Wellenweg beinahe parallel zur Achse des Gebirgszuges, so daß der darin zurückgelegte Weg erheblich länger ist als beim Beben Peru II, wo die Wellen die Anden ziemlich senkrecht durchqueren. Die Rayleigh-Wellen-Dispersion zeigt recht deutlich eine Mächtigkeit der festen Krustenschicht von 8 km. Dieses Ergebnis bringt auch die Love-Wellen-Dispersion. Für Perioden <17 s deutet die Rayleigh-Wellen-Dispersion auf einen kleineren Durchschnittswert als 8 km hin, was auch nicht im Widerspruch zu den Ergebnissen der angewandten Forschung steht. Die Kompressions- und Schergeschwindigkeiten des theoretischen Erdmodells scheinen gute Durchschnittswerte für diesen Wellenweg darzustellen, was aus der guten Übereinstimmung der empirischen Werte mit den theoretischen Kurven für beide Wellentypen hervorgeht.

Ergebnis

Die Mächtigkeit der festen Krustenschicht beträgt 8 km, wobei eine Tendenz zu einer etwas größeren Mächtigkeit vorhanden ist. Die Wassertiefe liegt unter dem Durchschnittswert von 4 km. Die Mohorovičić-Diskontinuität verläuft somit ungefähr 11 bis 12 km unter der Meeresoberfläche.

8.3.3. Chile

Erdbeben Nr. 3 in Tab. 19 am 6. 4. 1943. Die empirischen Dispersionswerte sind aus Abb. 44 zu entnehmen. Der Anteil des Kontinents am Wellenweg beträgt hier rund 52%.

Bebenherd

Kontinentalabhang zum Pazifik (Westküste).

Wellenweg

Die Wellen durchlaufen folgende Gebiete:

Anden, Hochland von Bolivien, Bergland von Brasilien, Mittelatlantik, Mittelatlantische Schwelle, nördlich der Kanarischen Inseln, Portugal, Spanien, Pyrenäen, Frankreich, Westdeutschland bis DDR (Jena).

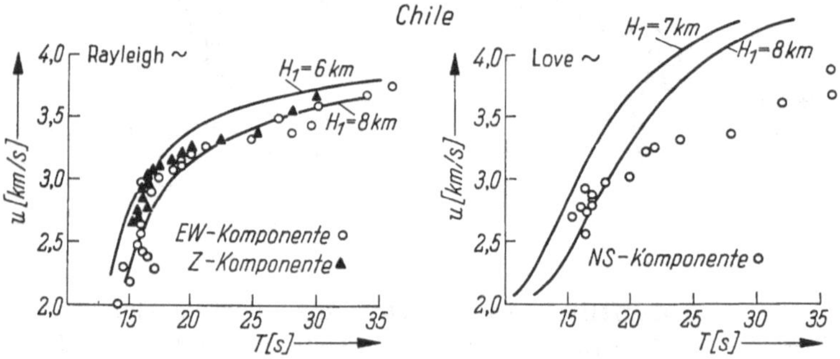

Abb. 44

Diskussion (vgl. Abb. 44)

Perioden von 14 bis 34 s mit Gruppengeschwindigkeiten von 2,0 bis 3,07 km/s wurden für die RAYLEIGH-Wellen ausgewertet. Für die LOVE-Wellen sind dies Perioden von 15 bis 36 s mit Gruppengeschwindigkeiten zwischen 2,5 und 3,9 km/s. Über die Hälfte des Gesamtwellenweges wird von den Wellen auf dem Kontinent durchlaufen. Den Hauptanteil am kontinentalen Weg wiederum liefert der südamerikanische Kontinent. Die Lage der empirischen Dispersionspunkte sowohl der RAYLEIGH- als auch der LOVE-Wellen wird deutlich von diesem Einfluß bestimmt. Bei den RAYLEIGH-Wellen kommt noch für Perioden zwischen 14 und 20 s der ozeanische Einfluß zum Ausdruck. Hier zeigt der steile Abfall der Kurve zum kurzperiodischen Teil hin noch deutlich den Einfluß der Wasser- bzw. Sedimentschicht, die hier noch wesentlich dicker als bei rein kontinentalen Wellenwegen ist. Die Kurven von KANAI [8] (s. Abb. 4), die den Einfluß der Sedimente zeigen, liegen noch mit ihrem steilen Kurvenast bei kürzeren Perioden. Er gibt Kurven für Sedimentdicken von 1; 2; 3 und 4 km an. Also ist bei dem hier betrachteten Wellenweg eine größere Mächtigkeit dieser Schichten vorhanden, was auf den Einfluß der Wasserschicht zurückgeführt werden kann.

Bei $T = 20$ s knickt die empirische Kurve scharf zu größeren Perioden hin ab. Dieser Effekt ist ebenfalls bei den LOVE-Wellen zu beobachten. Für diese Perioden ist schon ein typischer Kurvenverlauf des „kontinentalen Typs“ vorhanden. Es ist schwierig, an Hand der hier benutzten theoretischen Kurven

Aussagen über den tatsächlichen Krustenaufbau dieses Wellenweges zu machen, da die Kurven nicht diesen Wellenweg repräsentieren.

Ergebnis

Die einzigen Aussagen, die für diesen Wellenweg nach der hier benutzten Art gemacht werden können, sind die, daß auf Grund des steilen Abfalls des kurzperiodischen Kurventeils der RAYLEIGH-Wellen die Sedimentgeschwindigkeiten geringer sind. Wasser und Sedimente sind auf jeden Fall mächtiger als 4 km. Die Mächtigkeit der festen Kruste ist größer als 8 km. Daraus folgt, daß die MOHOROVIČIĆ-Diskontinuität weit tiefer als 12 km liegt.

8.3.4. Zusammenfassung: Herdgebiet Südamerika

Tabelle 20

Zusammenstellung der Ergebnisse der Dispersionsuntersuchungen für die Südamerika-Beben

Herdgebiet	Wasser	Krustendicke	Tiefe der MD
Peru I	3,5 km	9 – 10 km	12 – 14 km
Peru II	$<$4 km	$>$8 km	11 – 12 km
Chile (Wa + Sed.)	$>$4 km	$>$8 km	$>$12 km

Der Wellenweg, der durch die ozeanischen Gebiete verläuft, ist dem der Antillenbeben sehr ähnlich. Die Refraktionsmessungen entlang diesem Wellenweg zeigten, daß die „Gabbroschicht" (v_p = 6,5 km/s) im Durchschnitt 4,5 km mächtig ist. Die Ergebnisse der Dispersionsuntersuchungen für den gesamten Wellenweg, also einschließlich des kontinentalen Weganteils, der hier schon beträchtlich groß ist, weisen auf eine feste Krustenschicht von mehr als 8 km Dicke. In den kontinentalen Gebieten von Südamerika taucht die MOHOROVIČIĆ-Diskontinuität unter den Gebirgen bis auf Tiefen von 34 bis 55 km [59, 60] ab. Der Durchschnittswert für die Krustendicke wird dadurch stark beeinflußt. Für dieses Herdgebiet wäre eine Untersuchung der Krustenstruktur durch Vergleich der empirischen Werte mit theoretischen Dispersionskurven des kontinentalen Typs geeignet.

9. Zusammenfassung der Resultate dieser Arbeit

Die Dispersionsuntersuchungen haben gezeigt, daß die Mächtigkeit der Erdkruste im Gebiet des Nordatlantik zwischen 10 und 12 km schwankt. Der durchschnittliche Tiefenwert des Wassers liegt bei 4 km, so daß sich damit ergibt, daß die „feste Krustenschicht" 6 bis 8 km mächtig ist. Mit wachsendem kontinentalem Weganteil nimmt die Wassertiefe ab, während die Mächtigkeit der „festen Krustenschicht" wächst. Diese Ergebnisse stimmen auch gut mit den Resultaten der refraktionsseismischen Messungen in diesen Gebieten überein. In bezug auf die Schichtmächtigkeiten und die Gesamtkrustendicke bestehen auch keine Unterschiede zu den Ergebnissen anderer Dispersionsuntersuchungen, die für diese Gebiete durchgeführt wurden. Direkte Unterschiede bestehen aber in der Wahl des theoretischen Erdmodells zur Berechnung der theoretischen Vergleichs-Gruppengeschwindigkeits-Dispersionskurven für RAYLEIGH- und LOVE-Wellen. Es hat sich gezeigt, daß die theoretischen Kurven des in dieser Arbeit benutzten Krustenmodells gut mit den empirischen Dispersionswerten für RAYLEIGH- und LOVE-Wellen in Einklang stehen.

Mit den Kurven, die in der Literatur für rein ozeanische Wellenwege angegeben werden, würden nur die kurzperiodischen Werte eine Übereinstimmung zeigen. Für Perioden >16 s liegen die empirischen Werte viel flacher als diese Kurven. Der Grund dafür besteht darin, daß in der Literatur meist reine ozeanische Wellenwege untersucht werden. Die longitudinale Wellengeschwindigkeit wird mit einem Wert von etwa 6,5 km/s angesetzt. Das ist aber die v_p-Geschwindigkeit im Gabbro. Die lockere Sedimentschicht wird zur Wasserschicht hinzugeschlagen und als „Flüssigkeitsschicht" mit den v_p-Werten des Wassers behandelt.

Nun beschränkt man sich in den allermeisten Fällen auf die Dispersionsuntersuchungen entweder der RAYLEIGH- oder der LOVE-Wellen. Die Dispersionswerte der RAYLEIGH-Wellen zeigen oft eine gute Übereinstimmung mit diesen Kurven für rein ozeanische Wellenwege. Für die LOVE-Wellen steht aber allzu oft die Bemerkung, daß eine Übereinstimmung nicht festgestellt werden konnte. Man läßt nämlich, da die LOVE-Wellen vom Wasser unbeeinflußt bleiben, die „Flüssigkeitsschicht" fort, und das Krustenmodell beginnt automatisch mit der „Gabbroschicht". Durch diesen Schritt verschwinden aber auch die lockeren Sedimente, die jedoch für die LOVE-Wellen-Ausbreitung von entscheidender Bedeutung sind.

Je besser die Annäherung des theoretischen Krustenmodells an die wirklichen Verhältnisse ist, um so besser ist auch die Übereinstimmung der Aussagen mit Hilfe der RAYLEIGH- und LOVE-Wellen-Dispersion.

In dieser Arbeit wurden bei der Aufstellung des theoretischen Krustenmodells die Ergebnisse der Refraktionsmessungen berücksichtigt, die fast alle zeigen, daß die „Gabbroschicht" von weiteren Lagen halb- und starkverfestigter Sedimente sowie Materialien vulkanischen Ursprungs, wie Breccien und Tuffe, überlagert wird. Die Mächtigkeit dieser Lagen geringer Schergeschwindigkeiten sind, im Vergleich zur Mächtigkeit der „Gabbroschicht", durchaus nicht zu vernachlässigen. Aus diesem Grund und wegen des bei dem hier betrachteten Wellenweg immer auftretenden kontinentalen Anteils wurde die hier als „feste Krustenschicht" bezeichnete Schicht unter Berücksichtigung der lockeren, der halb verfestigten, der verfestigten Sedimente und der vulkanischen Materialien mit einer geringeren Schergeschwindigkeit angesetzt. Damit sind die für die LOVE-Wellen-Ausbreitung wichtigen Schichten, nach dem Weglassen der Wasserschicht, noch vorhanden. Es konnte eine gute Übereinstimmung in den Aussagen mit Hilfe der RAYLEIGH- und LOVE-Wellen-Dispersion gefunden werden. Diese Aussagen über den Aufbau der Erdkruste im Nordatlantik stehen in keinem Widerspruch zu den Ergebnissen der angewandten Forschung.

Zum besseren Verständnis des hier Gesagten sei ein Beispiel aus der Literatur herangezogen, wo ebenfalls kein reiner ozeanischer Wellenweg mit Hilfe der RAYLEIGH-Wellen-Dispersion untersucht wurde [42].

Unter anderem beschreiben SAVARENSKIJ und RAGIMOV [42] die Dispersion der RAYLEIGH-Wellen, die von zwei Erdbeben im Karibischen Meer und in Süd-Mexiko stammen und von einer Registrierstation im Kaukasus (SU) aufgezeichnet wurden. Der Wellenweg ist den in der vorliegenden Arbeit betrachteten Wellenwegen sehr ähnlich. Es sind die Wellenwege *9* und *10* auf Abb. 45 gemeint. Der kontinentale Anteil ist jedoch auf Grund der Lage der Station im Kaukasus etwas größer.

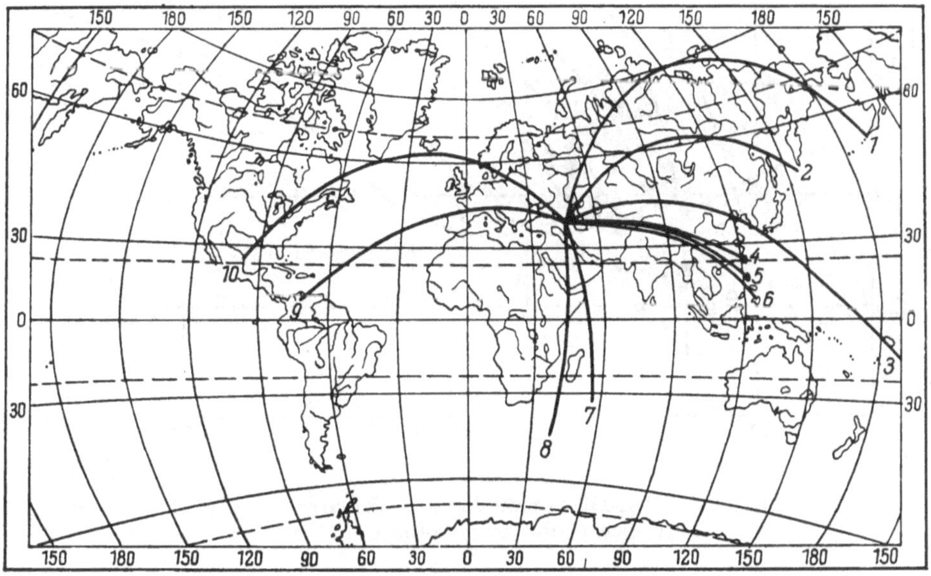

Abb. 45. Verlauf der Wellenwege von Süd-Mexiko (*10*) und vom Karibischen Meer (*9*) zur Registrierstation im Kaukasus (aus [42])

Die empirischen Dispersionswerte für die RAYLEIGH-Wellen sind aus Abb. 46 zu entnehmen. Sie sind für beide Beben mit der gleichen Signatur eingezeichnet (*), und deshalb ist es nicht ersichtlich, welche Punkte zu welchen Beben gehören. Die anderen eingezeichneten Punkte sind jetzt hier nicht von Interesse.

Die Kurven *1*–*6* auf Abb. 46 sind theoretische Dispersionskurven kontinentalen Typs für die RAYLEIGH-Wellen. Sie interessieren für diese Betrachtung jetzt nicht. Die Kurve *7* ist eine ozeanische. Sie gilt für folgendes Erdkrustenmodell:

Wasser und lockere Sedimente: $H_0 = 5{,}57$ km; $v_{p0} = 1{,}52$ km/s

$\varrho_0 = 1{,}00$ g/cm³

„Gabbroschicht": $H_1 = 5{,}57$ km; $v_{p1} = 6{,}9$ km/s;

$v_{s1} = 3{,}98$ km/s; $\varrho_1 = 2{,}67\,\varrho_0$ g/cm³

Mantel: $v_{p2} = 8{,}1$ km/s; $v_{s2} = 4{,}68$ km/s; $\varrho_2 = 3{,}00$ g/cm³

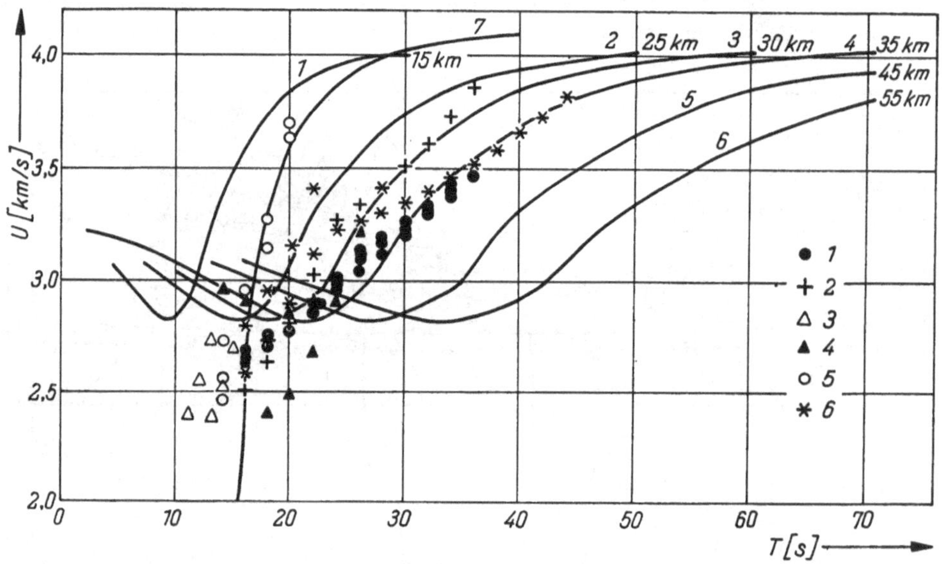

Abb. 46. RAYLEIGH-Wellen-Dispersion für die Wellenwege auf Abb. 45 (aus [42]). Zu den Wellenwegen *9* und *10* gehören die Dispersionswerte ∗

Aus der Lage der empirischen Dispersionswerte im Vergleich zu dieser ozeanischen Kurve *7* geht hervor, daß nur für kürzere Perioden eine Übereinstimmung da ist. Für Perioden >16 s liegen die empirischen Punkte flacher. Diese empirischen Punkte werden nun auf Abb. 47 mit den in dieser Arbeit benutzten RAYLEIGH-Wellen-Dispersionskurven verglichen. Kurve *7* wurde ebenfalls zur besseren Übersicht noch mit dargestellt.

Dieser Vergleich auf Abb. 47 zeigt wohl deutlich, daß der prinzipielle Verlauf der empirischen Punkte besser mit den in dieser Arbeit benutzten Dispersionskurven übereinstimmt. Die tiefere Lage der empirischen Werte wird durch den ja vorhandenen größeren kontinentalen Anteil des Wellenweges *9* und besonders des Weges *10* hervorgerufen.

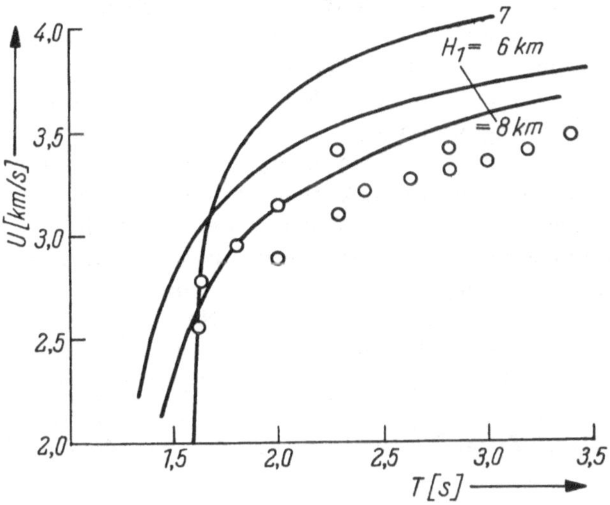

Abb. 47. RAYLEIGH-Wellen-Dispersion für die Wellenwege *9* und *10* auf Abb. 45, verglichen mit den theoretischen Kurven, die in dieser Arbeit verwendet wurden, und mit der Kurve *7* von SAVARENSKIJ und RAGIMOV [42]

10. Abschließende kritische Bemerkungen zu den Untersuchungen des Erdkrustenaufbaus mit Hilfe der Dispersionsmethode

Mit Hilfe der Gruppengeschwindigkeitsmethode können nur Aussagen über den mittleren Aufbau der Erdkruste entlang einem bestimmten Wellenweg gemacht werden. Will man jedoch genauere Ergebnisse über eine lokale Krustenstruktur eines begrenzten Gebietes erzielen, dann ist die Anwendung der Phasengeschwindigkeitsmethode mit einem Stationsnetz in dem betreffenden Gebiet erforderlich.

Wie schon mehrmals betont wurde, sind die Aussagen über den Krustenaufbau mittels der Dispersionsmethode auf Grund der Abhängigkeit der Geschwindigkeit der Oberflächenwellen von mehreren Parametern, die in jeder Schicht wiederum anders sind, nicht eindeutig. Um die Wahrscheinlichkeit einer richtigen Aussage zu erhöhen, werden die Ergebnisse der angewandten Geophysik über den Krustenaufbau zur Aufstellung der theoretischen Krustenmodelle herangezogen. Die zuverlässigsten Ergebnisse kommen von der Refraktionsseismik, nur sind diese Aussagen lediglich auf die Lage des Profiles begrenzt, und erst eine Vielzahl solcher Messungen gestattet Aussagen über größere Entfernungen hinweg. In kontinentalen Gebieten, wo die Krustendicke bis zu fünfmal größer werden kann als in ozeanischen, sind mit Hilfe refraktionsseismischer Messungen auch keine genaueren Aussagen über den tieferen Untergrund zu machen.

Wegen der Abhängigkeit der Eindringtiefe der Oberflächenwellen von der Wellenlänge können durch Auswahl bestimmter Periodenbereiche für die Dispersionsuntersuchungen die oberen oder die unteren Krustenschichten oder der Mantel untersucht werden. Eine Erfassung der Fehlergrößen in den Aussagen ist sehr schwierig, und wenn, dann nur mit größtem mathematischem Aufwand möglich. Man hat versucht, das umgekehrte Problem zu lösen, das darin besteht, aus den Dispersionskurven die Geschwindigkeits- und Dichteverteilung zu errechnen. Das scheint aber nach den bisherigen theoretischen Untersuchungen ebenfalls nicht eindeutig möglich zu sein [104]. DORMAN und EWING [82] wiesen darauf hin, eine in den theoretischen Dispersionskurven vorgegebene Geschwindigkeits- und Dichteverteilung nach den empirischen Werten mittels der Methode der kleinsten Quadrate zu korrigieren, um so eine wirklich existierende Verteilung zu erfassen. Diese Korrektion ist aber nur nach geeigneter Programmierung mit elektronischen Rechenautomaten durchzuführen. Mit Hilfe dieser Methode wurde z. B. das Modell CANSD [83] errechnet.

ANLAGE I

Berechnung der Kurvenpunkte $P(T_n, v_n)$ für die theoret. RAYLEIGH-Wellen-Dispersionskurven

$\frac{v_{n+1}}{v_0}$	v_{n-1}	$\frac{L_{n-1}}{H_0}$	L_{n-1}	v_n	$\frac{L_n}{H_0^*}$	L_n	Δv_{n-1}	ΔL_{n-1}	$\frac{\Delta v_{n-1}}{\Delta L_{n-1}}$	$L_n \frac{\Delta v_{n-1}}{\Delta L_{n-1}} = X_n$	$U_n = v_n - X_n$	$T_n = \frac{L_n}{v_n}$	$n = 1, 2, 3$
$\frac{H_1^*}{H_0^*} = 1{,}5$; $H_0^* = 4$ km; $v_0^* = 1{,}5 \frac{\text{km}}{\text{s}}$ $H_1^* = 6$ km													
2.69	4.035	47.383	189.532	3.975	34.724	138.896	0.06	50.636	0.0012	0.167	3.81	34.9	$(n = 0)$
2.65	3.975	34.724	138.896	3.90	26.153	104.612	0.075	34.284	0.0022	0.230	3.67	26.8	$n = 1$
2.60	3.90	26.153	104.612	3.825	21.111	84.444	0.075	20.168	0.0037	0.312	3.51	22.1	$n = 2$
2.55	3.825	21.111	84.444	3.75	17.846	71.384	0.075	13.060	0.0057	0.407	3.34	19.0	$n = 3$
2.50	3.75	17.846	71.384	3.675	15.607	62.428	0.075	8.956	0.0084	0.524	3.15	17.0	$n = 4$
2.45	3.675	15.607	62.428	3.60	14.011	56.044	0.075	6.384	0.0117	0.656	2.94	15.6	$n = 5$
2.40	3.60	14.011	56.944	3.525	12.834	51.336	0.075	4.708	0.0159	0.816	2.71	14.6	$n = 6$
2.35	3.525	12.834	51.336	3.45	11.930	47.720	0.075	3.616	0.0207	0.988	2.46	13.8	$n = 7$
2.30	3.45	11.930	47.720	3.375	11.208	44.832	0.075	2.888	0.0260	1.166	2.20	13.3	$n = 8$
$\frac{H_1^*}{H_0^*} = 2{,}0$; $H_0^* = 4$ km; $v_0^* = 1{,}5 \frac{\text{km}}{\text{s}}$. $H_1^* = 8$ km													
2.65	3.975	43.847	175.388	3.90	32.791	131.164	0.075	44.224	0.0017	0.223	3.677	33.6	$n = 1$
2.60	3.90	32.791	131.164	3.825	26.212	104.848	0.075	26.316	0.0028	0.294	3.531	27.4	$n = 2$
2.55	3.825	26.212	104.848	3.75	21.883	87.532	0.075	17.316	0.0043	0.376	3.374	23.3	$n = 3$
2.50	3.75	21.883	87.532	3.675	18.865	75.460	0.075	12.072	0.0062	0.468	3.203	20.5	$n = 4$
2.45	3.675	18.865	75.460	3.60	16.638	66.732	0.075	8.728	0.0086	0.574	3.026	18.5	$n = 5$
2.40	3.60	16.683	66.732	3.525	15.064	60.256	0.075	6.476	0.0116	0.699	2.826	17.1	$n = 6$
2.35	3.525	15.064	60.256	3.45	13.828	55.312	0.075	4.944	0.0152	0.841	2.609	16.03	$n = 7$
2.30	3.45	13.828	55.312	3.375	12.855	51.42	0.075	3.892	0.0193	0.992	2.383	15.2	$n = 8$
2.25	3.375	12.855	51.42	3.30	12.063	48.252	0.075	3.168	0.0237	1.144	2.156	14.6	$n = 9$

* weist auf feste Schichtparameter hin.

Erläuterungen zu Anlage I und II:

Die bei YAMAGUCHI, T. KIZAWA [98] für die RAYLEIGH-Wellen-Dispersion tabellierten Spalten v/v_1 und L/H_1 entsprechen in der Anlage I den Spalten v_{n-1}/v_0^* und L_{n-1}/H_0^*. v_0^* ist die Phasengeschwindigkeit der Longitudinalwellen im Wasser von $v_0^* = 1{,}5$ km/s. H_0^* ist die Mächtigkeit der Wasserschicht von 4 km. Diese Werte variieren nicht bei der Berechnung der Kurvenpunkte.

Bei den LOVE-Wellen in der Anlage II entsprechen die bei YAMAGUCHI angeführten Spalten v und L/H_1 den Spalten v_{n-1} und L_{n-1}/H_1^*. H_1^* ist die Mächtigkeit der festen Krustenschicht. L ist in jedem Fall die Wellenlänge und v die Phasengeschwindigkeit.

ANLAGE II

Berechnung der Kurvenpunkte $P(T_n, v_n)$ für die theoretischen LOVE-Wellen-Dispersionskurven

v_{n-1}	$\frac{L_{n-1}}{H_1^*}$	L_{n-1}	v_n	$\frac{L_n}{H_1^*}$	L_n	Δv_{n-1}	ΔL_{n-1}	$\frac{\Delta v_{n-1}}{\Delta L_{n-1}}$	$L_n \frac{\Delta v_{n-1}}{\Delta L_{n-1}}$	$U_n = v_n - L_n \frac{\Delta v_{n-1}}{\Delta L_{n-1}}$	$T_n = \frac{L_n}{v_n}$
					$H_1^* = 8$ km						
4.55	33.616	268.929	4.45	18.416	147.328	0.10	121.600	0.0008	0.1179	4.33	33.1
4.45	18.416	147.328	4.35	14.284	114.272	0.10	33.056	0.0030	0.3428	4.01	26.3
4.35	14.284	114.272	4.25	12.098	96.784	0.10	17.488	0.0057	0.552	3.698	22.8
4.25	12.098	96.784	4.15	10.655	85.240	0.10	11.544	0.0087	0.742	3.408	20.5
4.15	10.655	85.24	4.05	9.5848	76.6784	0.10	8.5616	0.0117	0.897	3.153	18.9
4.05	9.5848	76.6784	3.95	8.7304	69.8432	0.10	6.8352	0.0146	1.0197	2.93	17.7
3.95	8.7304	69.8432	3.85	8.0136	64.1088	0.10	5.7344	0.0174	1.1155	2.73	16.7
3.85	8.0136	64.1088	3.75	7.3902	59.1216	0.10	4.9872	0.0201	1.1883	2.56	15.8
3.65	6.8327	54.6616	3.55	6.3234	50.5872	0.10	4.0744	0.0245	1.2394	2.31	14.2
3.45	5.8499	46.7992	3.35	5.4029	43.2232	0.10	3.5760	0.0280	1.2102	2.14	12.9
3.25	5.4029	43.2232	3.25	4.9755	39.8040	0.10	3.4192	0.0292	1.1623	2.08	12.2
					$H_1^* = 7$ km						
4.55	33.616	235.312	4.45	18.416	128.912	0,10	106.400	0.0009	0.116	4.33	29.0
4.45	18.416	128.912	4.35	14.284	99.988	0.10	28.924	0.0035	0.350	4.00	23.0
4.35	14.284	99.988	4.25	12.098	84.686	0.10	15.302	0.0065	0.550	3.70	19.9
4.25	12.098	84.686	4.15	10.655	74.585	0.10	10.101	0.0099	0.738	3.41	18.0
4.15	10.655	74.585	4.05	9.5848	67.0936	0.10	7.4914	0.0133	0.892	3.16	16.6
4.05	9.5848	67.0936	3.95	8.7304	61.1128	0.10	5.9808	0.0167	1.021	2.93	15.5
3.95	8.7304	61.1128	3.85	8.0136	56.0952	0.10	5.0176	0.0199	1.116	2.73	14.6
3.85	8.0136	56.0952	3.75	7.3902	51.7314	0.10	4.3638	0.0229	1.185	2.57	13.8
3.65	6.8327	47.8289	3.55	6.3234	44.2638	0.10	3.5651	0.0280	1.239	2.31	12.5
3.45	5.8499	40.9493	3.35	5.4029	37.8203	0.10	3.1290	0.0320	1.210	2.14	11.3
3.35	5.4029	37.8203	3.25	4.9755	34.8285	0.10	2.9918	0.0334	1.163	2.09	10.7

ABKÜRZUNGEN

S	Spannungstensor
D	Deformationstensor
I	Einheitstensor
$\sigma_m = S_{xx}, S_{yy}, S_{zz}$	Normalspannungskomponenten
$\tau_m = S_{xy}, S_{yz}, S_{zx}$	Tangentialspannungskomponenten
$\varepsilon_{xx}, \varepsilon_{xy}$ usw.	Komponenten des Deformationstensors
$\mathfrak{S}(\mathfrak{r}, t)$	Verrückungsvektor
E	YOUNGscher Modul
σ	POISSONsche Zahl
λ, μ	LAMÉsche Moduln
η	Kompressionsmodul
ϱ	Dichte
α oder v_L oder v_p	Longitudinalwellengeschwindigkeit
β oder v_T oder v_s	Transversalwellengeschwindigkeit
v_R	Phasengeschwindigkeit der RAYLEIGH-Welle
c	Phasengeschwindigkeit der LOVE-Welle
u	Gruppengeschwindigkeit
v	Phasengeschwindigkeit
u, v, w	Verrückungskomponenten
L	Wellenlänge
L_R	Wellenlänge der RAYLEIGH-Welle
T	Periode
k	Wellenzahl
$\mathfrak{k}$	Wellenzahlvektor
ω	Kreisfrequenz
H	Schichtdicke
MD	MOHOROVIČIĆ-Diskontinuität
CD	CONRAD-Diskontinuität
Dgl	Differentialgleichung
I. S. S.	International seismological summary

LITERATUR

[1] SAVARENSKIJ, E. F.; KIRNOS, D. P.: Elemente der Seismologie und Seismometrie. Akademie-Verlag, Berlin 1960.

[2] HERSEY, J. B.; OFFICER, C. B.; BERGSTROM, S.: Seismic refraction observations north of the Brownson Deep. Bull. Seism. Soc. Amer. **42** (1952).

[3] TOLSTOY, I.; EDWARDS, R. S.; EWING, M.: Seismic refraction measurements in the Atlantic Ocean, Part III. Bull. Seism. Soc. Amer. **43** (1953) 1, S. 35–48.

[4] OFFICER, C. B.; EWING, M.; WUENSCHEL, P. C.: Seismic refraction measurements in the Atlantic Ocean, Part IV. Bull. Geol. Soc. Amer. **63** (1952) 8, S. 777–808.

[5] BERCKHEMER, H.; MÜLLER, ST.; SELLEVOLL, M.: Die Krustenstruktur in SW-Deutschland aus Phasengeschwindigkeitsmessungen an Rayleighwellen. Zeitschr. f. Geophys. **27** (1961) 4/5, S. 151–163, Sonderdruck.

[6] OLIVER, J.; EWING, M.: The effect of surficial sedimentary layers on continental surface waves. Bull. Seism. Soc. Amer. **48** (1958) S. 339–354.

[7] EWING, M.; PRESS, F.: Crustal structure and surface wave dispersion, Part II. Bull. Seism. Soc. Amer. **42** (1952) S. 315–325.

[8] SCHNEIDER, G.: Der Einfluß der Sedimentmächtigkeiten auf die Dispersion der Rayleighwellen. Hermann-Aldinger-Festschrift (1962) S. 159–162.

[9] OLIVER, J.: A summary of observed seismic surface wave dispersion. Bull. Seism. Soc. Amer. **52** (1962) S. 81–86.

[10] EWING, M.; PRESS, F.: Geophysical contrast between continents and ocean basins. Bull. Geol. Soc. Amer. **62** (1955) S. 1–6, spec. paper.

[11] PHINNEY, R. A.: Structure of the earth's crust from spectral-behavior of long period body waves. Journ. Geophys. Res. **69** (1964) 14, S. 2997–3017.

[12] SHURBET, D. H.: The effect of the Golf of Mexico on Rayleigh wave dispersion. Journ. Geophys. Res. **65** (1960) 4, S. 1251–1255.

[13] YUNGUL, S. H.; DEHLINGER, P.: Preliminary free-air gravity anomaly map of the Golf of Mexico from surface-ship measurements and its tectonic implications. Journ. Geophys. Res. **67** (1962) 12, S. 4727ff.

[14] OFFICER, C. B.; EWING, J.; HENNION, J. F.; HARKIDER, D. G.; MILLER, D. E.: Geophysical investigations in the eastern Caribbean. Summary of 1955 and 1956 cruises in Physics and Chemistry of the Earth. Vol. **3** S. 17–109. Pergamon Press, New York 1959.

[15] TALWANI, M.; SUTTON, G. H.; WORZEL, J. L.: A crustal section across the Puerto Rico trench. Journ. Geophys. Res. **64** (1959) S. 1545–1555.

[16] BUNCE, E. T.; FAHLQUIST, D. A.: Recent geophysical investigations of the Puerto Rico trench and outer ridge. Journ. Geophys. Res. **67** (1962) 10.

[17] EWING, J.; EWING, M.: Reflection profiling in and around the Puerto Rico trench. Journ. Geophys. Res. **67** (1963) 12, S. 4729–4739.

[18] NORTHROP, J.; RANSON, M. A.: Some seismic profiles near the western end of the Puerto Rico trench and Caryn-seamount. Journ. Geophys. Res. **67** (1962) S. 1109–1116.

[19] REZNIČENKO, J. V.: K izučeniju stroenija zemnoj kory v period tretego mezdunarodnogo geofizičeskogo goda. Izvest. akad. Nauk SSSR ser. geofiz. No. **2** (1957) S. 129ff.
[20] BULLEN, K. E.: An introduction to the theory of seismology. Cambridge Univ. Press., London und New York (1953).
[21] CONRAD, V.: Laufzeitkurven des Tauernbebens vom 28. Nov. 1923. Mitt. Erdbeben-Komm. Akad. Wiss. Wien (N. F.) **59** (1925).
[22] MOHOROVIČIĆ, A.: Das Beben vom 8. X. 1909. Jahrb. Meteorolog. Obs. Zagreb **9**, Pt. IV, Sect. 1 (1910).
[23] EWING, M.; PRESS, F.: Surface waves and guided waves. Handb. d. Phys., Berlin (1956) Bd. **47** S. 119–139.
[24] GUTENBERG, B.: Physics of the earth's interior. Acad. Press, New York and London (1959).
[25] GUTENBERG, B.: Channel waves in the earth's crust. Geophys. **20** (1955) S. 283–294.
[26] ROTHÉ, J. P.: Quelques expériences sur la structure de la croûte terrestre en Europe Occidentale. Contributions in Geophysics, eds. H. BENIOFF, M. EWING, B. F. HOWELL, F. PRESS, vol. **1** S. 135–151. Pergamon, New York (1958).
[27] GENESLAY, R.; LABROUSTE, Y.; ROTHÉ, J. P.: Réflexions à graûde profondeur dans les grosses explosions (Champagne, Oct. 1952). Publs. Bur. Central Séismol. Intern. Trav. Sci. (A) **19** (1956) S. 331–334.
[28] BERNARD, P.: Interprétation des ondes séismiques des explosions des Rochilles. Compt. rend. **243** (1956) S. 2115–2118.
[29] HILLER, W.: Erdbebenherde, Tektonik, Herdtiefe, Herdmechanismus und Schichtung der Erdkruste in SW-Deutschland. Bull. inform. Union Geodésie Geophys. Intern. **2** (1953) S. 232–236.
[30] REICH, H.: Über reflektionsseismische Beobachtungen der Prakla aus großen Tiefen bei den großen Steinbruchsprengungen in Blaubeuren am 4. 3. und am 10. 5. 1952. Bull. inform. Union Géodésique Géophys. Intern. **2** (1953) S. 229–232.
[31] TARDI, P.: Expériences séismiques dans les Alpes occidentales en 1956: résultats obtenus par le Groupe d'Etudes des explosions Alpines. Compt. rend. **244** (1957) S. 1114–1117.
[32] REICH, H.: In Süddeutschland seismisch ermittelte tiefe Grenzflächen und ihre geologische Bedeutung. Geol. Rundschau **46** (1957) S. 1–17.
[33] REICH, H.: Seismische und geologische Ergebnisse der 2 to Sprengung im Tiefbohrloch Tölz I am 11. XII. 1954. Geol. Jahrb. **75** (1958) S. 1–46.
[34] CALOI, P.: La struttura della crosta terrestre, con particolare riguardo alle zone continentali, quale risulta dallo studio dei terremoti e delle grandi esplosioni (Eurasia). Ann. Geofis. **10** (1957) S. 189–192.
[35] CALOI, P.: Caratteristiche della crosta terrestre dalle Alpi agli Appennini. Ann. Geofis. **10** (1957) S. 183–188.
[36] CALOI, P.: The crust of the earth, from the Appennines to the Atlantic, reconstructed in accordance with the data supplied by seismic surveys. Zeitschr. Geophys. **24** (1958) S. 65–95.
[37] DI FILIPPO, D.; MARCELLI, L.: Struttura della crosta terrestre in corrispondenza dell'Italia Centrale (Gran Sasso). Ann. Geofis. **5** (1952) S. 569–579.
[38] GÁLFI, J.; STEGENA, L.: Tiefenreflexionsversuche in Ungarn zum Studium der kontinentalen Aufbauung. Geol. Rundschau **46** (1957) S. 26–29.
[39] STEGENA, L.: Seismische Untersuchungen der Tiefenstruktur der Erdkruste in Ungarn. Studia Geophys. et Geodaet. **2** (1958) S. 177–180.

[40] Kárník, V.: Les vitesses des ondes séismiques excitées par les explosions industrielles en Bohème. Publs. Bur. Central Séismol. Intern. Trav. Sci. (A) **19** (1956) S. 319–324.

[41] Vanek, J.: Les études séismologiques en Tchéchoslovaquie de 1951 à 1953. Compt. rend. 10e assoc. intern. séismol. Rome 1954. **11** (1955) S. 336–339.

[42] Savarenskij, E. F.; Ragimov, S. S.: Über die Bestimmung der mittleren Mächtigkeit der Erdkruste aus der Gruppengeschwindigkeit der Rayleighwellen. Izv. AN SSSR, ser. geofiz. (1959) S. 1364–1367.

[43] Balavadse, B. K.; Tvalavadse, G. K.: Structure of the earth's crust in Georgia from geophysical evidence. Union geodésique et géophysique internationale. Association de séismol. intern. Travaux scientifiques Ser. A, Fasc. **20** S. 81–86, Edouard Crivat, Toulouse (1959).

[44] Anonymus: National report on seismology (1951–1953), India. Compt. rend. assoc. Intern. séismol. **11** (1955) S. 239–244.

[45] Bune, V.; Butovskaja, E. M.: O godografe i stroenii zemnoj kory v Spednej Azii po zapisjam možnych vzryvov. Tr. Geofiz. in-ta AN SSSR, No. **30** (157) (1956) S. 142–156.

[46] Gamburcev, G. A.; Vejcam, P. S.: Sopostavlenie dannych glubinogo sejsmičeskogo zondirovanie o stroenie zemnoj kory v rajone Severnogo Tjan-Šanja s dannymi seismologii. Izv. AN SSSR, ser. geofiz. **9** (1956).

[47] Weizman, P. S.; Kosminskaja, I. P.; Risnichenko, J. V.: New deep seismic counding data of the structure of the earth's crust and on mountain roots. Union géodesique et géophysique intern. Assoc. de séism. et de physique de l'intérieur de la terre. Publ. Bureau central séismol. intern. Travaux scientifiques, Ser. A, Fasc. **20** (1959) S. 97–112, Edouard Crivat, Toulouse.

[48] Adams, L. H.; Tuve, M. A.; Tatel, H.: Seismic exploration of the earth's crust. Compt. rend. assoc. intern. Séismol. **10** (1952) S. 113–114.

[49] Tatel, H.; Adams, L. H.; Tuve, M. A.: Studies of the earth's crust using waves from explosions. Proc. Amer. Phil. Soc. **97** (1953) S. 658–669.

[50] Katz, S.: Seismic study of crustal structure in Pennsylvania and New York. Lamont Geol. Obs. Palisades, Tech. Rept. **32** (1953).

[51] Hodgson, J. H. A.: A seismic survey in the Canadian Shield. Publs. Dominion Astrophys. Obs. Ottawa **16** (1953) S. 133–163, 169–171.

[52] Slichter, L. B.: Crustal structure in the Wisconsin Area. Office Naval Research, Rept. Oct. **31** (1951).

[53] Gutenberg, B.: Waves from blasts recorded in Southern California. Trans. Amer. Geophys. Union **33** (1952) S. 427–431.

[54] Shor, G. G.: Deep reflections from Southern California blasts. Trans. Amer. Geophys. Union **36** (1955) S. 133–138.

[55] Gutenberg, B.: Revised travel times in Southern California. Bull. Seism. Soc. Amer. **41** (1951) S. 143–163.

[56] Byerly, P.; Wilson, J. T.: The Central California earthquakes of May 16, 1933 and June 7, 1934. Bull. Seism. Soc. Amer. **25** (1935) S. 223–246.

[57] Richards, T. C.: Measurement of the thickness of the earth's crust in the Albertan plains area of western Canada. J. Alberta Soc. Petrol. Geol. **6** (1958) S. 188–189.

[58] Aldrich, L. T.; Graham, J. W.; Tatel, H. E.; Tuve, M. A.; Wetherill, G. W.: The earth's crust. Carnegie Inst. Wash. Yearbook for 1956/57, **56** (1957) S. 94–96.

[59] Tatel, H. E.; Tuve, M. A.; Carnegie seismic expedition to the Andes 1957. Abstr. Trans. Amer. Geophys. Union **39** S. 533–534.

[60] Stoneley, R.: The transmission of Rayleigh waves across Eurasia. Bull. Seism. Soc. Amer. **43** (1953) S. 127–135.

[61] Gane, P. G.; Atkins, A. R.; Sellschap, J. P.; Seligman, P.: Crustal structure in the Transvaal. Bull. Seism. Soc. Amer. **46** (1956) S. 293–316.

[62] Doyle, H. A.: Seismic recordings of atomic explosions in Australia. Nature **180** (1957) S. 132–134.

[63] Bolt, B. A.; Doyle, H. A.; Sutton, J. D.: Seismic observations from the 1956 atomic explosions in Australia. Geophys. J. **1** (1958) S. 135–145.

[64] Bullen, K. E.: Seismology in our atom age. Compt. rend. assoc. intern. séismol. et phys. intérieur de la terre, Toronto 1957 **12** (1958) S. 19–35.

[65] Eiby, G. A.: Crustal structure project. The Wellington profile. New Zealand Dept. Sci. Ind. Research Geoph. Mem. **5** (1957) S. 5–31.

[66] Research Group for Explosion Seismology, Tokyo, Explosion seismic observations. Bull. Earthquake Research Inst. Tokyo Univ. **29** (1951) S. 97–105; **30** (1952) S. 279–292; **32** (1954) S. 76–86.

[67] Kishimoto, Y.: Seismometric investigation of the earth interior. Pt. II. Mem. Coll. Sci. Univ. Kyoto, **A 27** (1955) 243–288.

[68] Hess, H. H.: The oceanic crust. Journ. Marine Research (Sears Foundation) **14** (1955) S. 423–439.

[69] Ewing, M.; Press, F.: Structure of the earth's crust. Handb. d. Phys., Berlin **47** (1956) S. 246–257.

[70] Hill, M. N.: Recent geophysical exploration of the ocean floor. Physics and Chemistry of the Earth, eds. L. H. Ahrens, K. Rankana, S. K. Runcorn, Vol. **2** (1957) Pergamon Press, New York, S. 129–163.

[71] Ewing, M.; Sutton, G. H.; Officer, C. B.: Seismic refraction measurements in the Atlantic Ocean, VI: Typical deep stations, North American Basin. Bull. Seism. Soc. Amer. **44** (1954) S. 21–38.

[72] Ewing, W. M.; Jardetzky, W. S.; Press, F.: Elastic waves in layered medium. McGraw-Hill Book Company, New York, Toronto, London 1957.

[73] Officer, C. B.; Ewing, M.; Edwards, R. S.; Johnson, H. R.: Geophysical investigations in the eastern Caribbean Venezuelan Basin, Antilles Islands arc, and Puerto Rico Trench. Bull. Geol. Soc. Amer. **68** (1957) S. 359–378.

[74] Raitt, R. W.: Studies of ocean bottom structure of Southern California with explosive waves (abstr.). Bull. Geol. Soc. Amer: **60** (1949) S. 1915.

[75] Raitt, R. W.: Seismic refractions studies of the Pacific Ocean Basin, 1. Bull. Geol. Soc. Amer. **67** (1956) S. 1623–1640.

[76] Raitt, R. W.; Fisher, R. L.; Mason, R. G.: Tonga Trench. Geol. Soc. Amer. Spec. Papers **62** (1955) S. 237–254.

[77] Raitt, R. W.: Seismic refractions studies of Eniwetok atoll. U. S. Geol. Survey Profess. Papers **260–S** (1957) S. 685–698.

[78] Heezen, B. C.; Tharp, M.; Ewing, M.: The Floors of the Oceans. 1. The North Atlantic. The Geol. Soc. Amer., New York 1959.

[79] Ewing, J.; Ewing, M.: Seismic refraction measurements in the Atlantic Ocean Basin, in the Mediterranean Sea, on the Mid-Atlantic ridge and in the Norwegian Sea. Bull. Geol. Soc. Amer. **70** (1959) S. 291–318.

[80] Worzel, J. L.; Ewing, M.: Explosion sounds in shallow water, p. 1–53 in M. Ewing, J. L. Worzel and C. L. Pekeris, Propagation of sound in the ocean. Geol. Soc. Amer. Memoir **27** (1948).

[81] Ewing, J.; Officer, C. B.; Johnson, H. R.; Edwards, R. S.: Geophysical investigation in the eastern Caribbean Trinidad Shelf, Tobaggo Trough, Barbados Ridge Atlantic Ocean. Bull. Geol. Soc. Amer. **68** (1957) S. 897–912.

[82] Dorman, J.; Ewing, M.: Numerical inversion of seismic surface wave dispersion data and crust mantle structure in the New-York Pennsylvania area. Journ. Geophys. Res. **67** (1962) S. 5227–5241.

[83] BRUNE, J.; DORMAN, J.: Seismic waves and earth structure in the Canadian Shield. Bull. Seism. Soc. Amer. **53** (1963) 1, S. 167–210.

[84] HILL, M. N.; SWALLOW, J. C.: Seismic experiments in the Atlantic. Nature **165** (1950) S. 193–194.

[85] EWING, M.; SUTTON, G. H.; OFFICER, C. B.: Seismic . . . . . ., Part VI. Bull. Geol. Soc. Amer. **63** (1952) S. 1353.

[86] HOUTZ, R. E.; EWING, J. L.: Detailed sedimentary velocities from seismic refraction profiles in the western North Atlantic. Journ. Geophys. Res. **68** (1963) 18, S. 5233ff.

[87] EWING, M.; WORZEL, J. L.: Gravity anomalies and structure of the West Indies, Part I. Bull. Geol. Soc. Amer. **65** (1954) S. 165–174.

[88] EWING, J. L.; ANTOINE, J.; EWING, M.: Geophysical measurements in the western Caribbean Sea and the Golf of Mexico. Journ. Geophys. Res. **65** (1960) 12, S. 4087–4126.

[89] HILL, M. N.; LAUGHTON, A. S.: Seismic observations in the eastern Atlantic. Proc. roy. Soc. **A222** (1954) S. 287.

[90] HILL, M. N.; KING, W. B. R.: 1953 Quart. J. Geol. Soc. **109**, 1.

[91] HOUTZ, R. E.; EWING, J. L.: Sedimentary velocities of the western North Atlantic margin. Bull. Seism. Soc. Amer. **54** (1964) S. 867–895.

[92] KOVACH, R. L.; PRESS, F.: A note on ocean sediment thickness from surface wave dispersion. Journ. Geophys. Res. **66** (1961) 9, S. 3073–3074.

[93] WILSON, F. T.; BAYKAL, O.: Crustal structure of the North Atlantic basin as determined from Rayleigh wave dispersion. Bull. Seism. Soc. Amer. **38** (1948) 1, S. 41–53.

[94] EWING, M.; PRESS, F.: Crustal structure and surface dispersion. Bull. Seism. Soc. Amer. **40** (1950) 4, S. 271–280.

[95] JARDETZKY, W. S.: PRESS, F.: Crustal structure and surface dispersion, Part III. Bull. Seism. Soc. Amer. **43** (1953) 2.

[96] OLIVER, J.; EWING, M.; PRESS, F.: Crustal structure and surface wave dispersion. Bull. Geol. Soc. Amer. **66** (1955) S. 913–946.

[97] BERCKHEMER, H.: Rayleigh wave dispersion and crustal structure in the east Atlantic Ocean Basin. Bull. Seism. Soc. Amer. **46** (1956) 2, S. 83–86.

[98] YAMAGUCHI, R.; KIZAWA, T.: Surface waves and layered structures, Part 2. Theoretical dispersion curves for suboceanic surface waves. Bull. Earthqu. Res. Inst. Tokyo **39** (1961) S. 669–809.

[99] NOYER, F.: Crustal structure of the North Pacific from Love wave dispersion. Bull. Seism. Soc. Amer. **49** (1959) 4.

[100] EVERNDEN, J. F.: Love wave dispersion and the structure of the Pacific basin. Bull. Seism. Soc. Amer. **44** (1954) S. 1–5.

[101] LEE, A. W.: The effect of geologic structure upon microseismic disturbance. Month. Not. Astron. Soc. Geophys. Suppl. **3** (1932) S. 83–105.

[102] SYKES, L. R.; OLIVER, J.: The propagation of short-period seismic surface waves across oceanic areas, Part I: Theoretical study. Part II: Analysis of Seismograms. Bull. Seism. Soc. Amer. **54** (1964) 5, S. 1349–1372 u. S. 1373–1415.

[103] JARDETZKY, W. S.; PRESS, F.: Rayleigh wave compling to atmospheric compression waves. Bull. Seism. Soc. Amer. **42** (1951) S. 135–144.

[104] TEUPSER, CH.: Die Methoden der Seismologie zur Erforschung des oberen Erdmantels. Monatsberichte der DAW zu Berlin **7** (1965) 2, S. 136–145.

[105] HASKELL, N. A.: The dispersion of surface waves on multilayered media. Journ. Geophys. Res. (1951) Paper **9**, Air Force Cambridge Research Center, Cambr. Mass. (1951).

[106] THOMSON, W. T.: Transmission of elastic waves through a stratified solid medium. Journ. Appl. Phys., Vol. **21** (1950) S. 89–93.

[107] HASKELL, N. A.: Dispersion of surface waves on multilayered media. Bull. Seism. Soc. Amer. **43** (1953) S. 17–54.

[108] MAUERSBERGER, P.: Vorlesungen über: Physik der festen Erde. Berlin 1963 (unveröffentlicht).

[109] BUDÓ, A.: Theoretische Mechanik. Berlin 1956.

[110] REINHARDT, H. G.: Steinbruchsprengungen zur Erforschung des tieferen Untergrundes. Freiberger Forschungsheft **C 15** (1954).

[111] ARCHANGELSKAJA, V. M.: Dispersion von Oberflächenwellen und Aufbau der Erdkruste. Izv. AN SSSR ser. geofiz. **9** (1960) S. 1360–1391.

[112] BRUNS, E.: Ozeanologie, Bd. I. Berlin 1958.

FSC
www.fsc.org
MIX
Papier | Fördert
gute Waldnutzung
FSC® C083411

Zeitfracht Medien GmbH
Ferdinand-Jühlke-Straße 7
99095 Erfurt, Deutschland
produktsicherheit@kolibri360.de